餐桌上的人間田野

莊祖宜———著

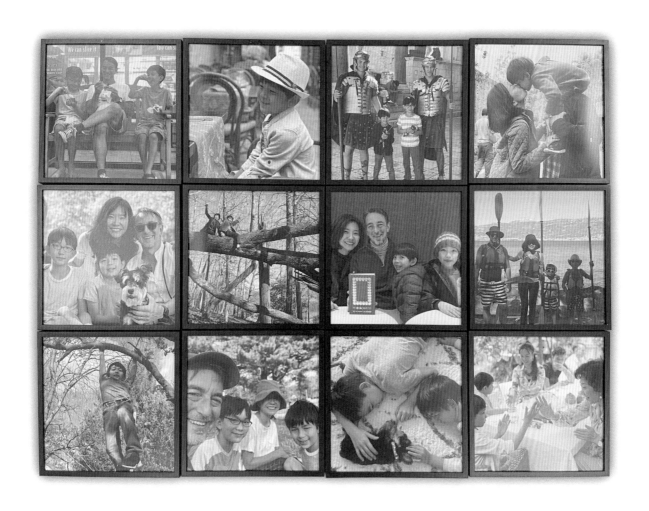

獻給述海、述亞——我快樂和力量的泉源。

目次 Contents

PART 1 **我家的餐桌**

Contents 目次

目次 Contents

PART 2 有時候一道菜就滿足了

PART 3 佐餐好味道

廚房將蕪胡不歸
——讀莊祖宜的新書

在莊祖宜的另一本《其實大家都想做菜》（新經典，2017）的文集裡，有一篇有趣的文章叫「精緻與家常」，裡面談到 fine-dining 和 casual dining 的對比與差異，fine-dining 是精緻料理，casual dining 是家常菜（特別指的是小館子裡比較隨興的料理），她用「擺盤」的例子來說明，形容高級餐廳的精緻擺盤猶如「工筆畫」，而家常小館則相對是隨意揮灑。文中有一個小故事，說名廚作家兼節目主持人安東尼·波登在他的電視節目《波登不設限》裡訪問紐約知名米其林三星餐廳 Le Bernadin 的主廚艾瑞克·李培說：「你上回在出菜前不需要擦盤緣的地方工作是什麼時候？」生涯都在名餐廳做 fine-dining 的李培大廚搔搔頭說：「你說的這種地方我沒有見過……。」

我讀到的時候幾乎要笑了出來，米其林大廚原來不一定從社會低處爬起，他可能一路受的訓練都是精緻餐飲（即使他在廚房是做最底層工作），他根本是「不食人間煙火」的。對照來看，我現在從手機的社群媒體中，偶爾收到各種轉傳而來的影片，其中有一類影片常常讓我佇足注目，興味盎然，那是對東南亞一帶知名攤販的工作實錄，那些攤販職人（譬如一碗豬雜麵或一塊花生餡煎餅）準備料理的工作速度驚人，一次同時製作三、四十份，材料低廉（有時還用了現成的工業調味料），作工粗獷而緊湊，幾乎沒有擺盤這件事，但顧客長龍等待，而我看起來也覺得美味至極。

品味一詞極難解釋，對我來說，高眉文化與低眉文化有時候不是「層級」而是「分工」。我的意思是說，我可以同時被兩種文化（或創作，或美學呈現）所吸引。讀小說的時候，我可以喜歡喬埃斯、普魯斯特，但同時喜歡伊安·佛萊明或阿嘉莎·克莉絲蒂；看電影的時候，我被小津安二郎、塔可夫斯基感動，但我也不難從 007 系列電影（不太

政治正確地）得到樂趣；當然，在追尋美食上，坐在巴黎或東京的三星餐廳裡，你固然也得到一場難得的人生經驗（有時代價不菲），但這也不妨礙你聞風跟隨去一家路邊攤排隊，也真心得到滿足。也就是說，上層文化的鑒賞能力並不排斥你對大眾文化的享受，在飲食上有時候還會顛倒過來，譬如你久別國門，歸鄉時你想的是法式 fine-dining，還是巷口的米粉湯？

唉呀，這些品味的理論辯證到底跟莊祖宜的食譜新書有什麼關係？我只能說這是我長年讀祖宜書的一種想像與好奇。莊祖宜當然是台灣飲食作者的一則傳奇，她放棄人類學家的學術追求，轉往廚藝學校以及知名餐廳投身學藝，在她第一本書《廚房裡的人類學家》裡，她記錄並敘說她的學習歷程，並第一手地報導了米其林餐廳的廚房景觀，讓我們窺見那個 fine-dining 神祕的後場世界，書一出版就轟動，大家也都認識了這位高學歷卻下放廚房「勞改」的特立獨行女作者。

在《廚房裡的人類學家》裡，作者的學藝過程不乏知名高級餐廳的參與歷練，附了圖片的故事也呈現諸多「工筆畫」盤飾的精緻美食，但等到她出版第一本食譜書《簡單・豐盛・美好》時，卻又有一種細微的轉折。

她的第一本食譜在我看來十分暢銷而且成功，我身旁有不少朋友跟著食譜做菜，得到全新的信心與滿足，這真的是「教育大眾」的食譜書的最大成就。我仔細思考食譜成功的原因（不是我有意仿傚，而是我的編輯魂發作，我一向相信賣得好的書一定都有某種內在理由），發現答案就在書名上，它真的擔得上簡單、豐盛、美好三個詞彙。說它豐盛，書中洋洋灑灑列出了八十多道菜色（包括中西兼備的經典料理），這還不包括她以貼士（tips）方式書寫的穿插短文當中提及的菜色或延伸，讀者若都學了，你手上的曲目馬上大大擴充了。說它簡單，祖宜挑選的食譜的確細心考量讀者的既有能力，菜色雖然有難有易，但都恂恂善誘，一步一步把程序寫得明白易懂，是一部很容易學到東西的食譜。說它美好，儘管這是一本刻意對初學者友善的食譜，但作者花很多力氣解釋某些基本功以及烹調原理，你要通過這本書得到某種近乎專業廚師的初步訓練也是可能的，這部分特色很讓我感到佩服。作者是個受過 fine-dining 嚴格訓練的專業廚師，但她選擇了製作一本強調基本功而不炫技的食譜（她要把部分菜色做到讓讀者目眩神馳並非難

事），這是值得注意的價值取向。

然後我們就要來談現在擺在眼前的這本新食譜書《餐桌上的人間田野》了，在作者的前一部書裡，食譜的安排大致是從前菜、主菜、飯麵、點心一路分類下來，讀者可依功能來查考或選擇；但在這部新書裡，雖然食譜的道數還是非常豐盛，將近七十道菜，但莊祖宜選擇把菜色安排成「套餐」，大部分的套餐都包括一個主菜、兩個配菜（有時候是一個配菜加一個飯麵或餅），重點看起來是在搭配上，你怎麼用心中所知的菜色安排出有起承轉合的一桌菜來，這些精彩的套餐設計規模不大，所以我們知道她想的不是大場面的宴客，而是小家庭的每日日常。

莊祖宜真是貼心的佛心作者，她也許看到今日社會家庭「食育」崩壞，很多年輕人的新小家庭是不做飯的，時時仰賴外食或外送，他們不是不想做，而是根本不會做，他們偶爾學得幾道菜，卻又可能無法搭配成套，餐桌上還是不完整的斷簡殘篇。這部食譜就可以成為一個救星，你學到的不是寫字或造句，而是寫一篇有頭有尾的餐桌文章。

但我這樣說可能還是不夠的，食譜作者莊祖宜是一位貫通中西的采風者，這些為小家庭準備的套餐可是視野遼闊、見識不凡的，菜色有的淵源來自中國各大菜系，有川味、有上海本幫味；有的則來自世界各方族群，有泰國、有印尼、有印度、有古巴。食材與調味料也多方擷采，讓我們多識鳥獸草木之名，雖是食譜書，裡頭也隱藏一位熟悉民族誌與田野採訪的人類學家之魂。

這是一部看遍世界又回歸家園的用情之書，食譜的字裡行間藏著和樂融融的餐桌風景，這曾經是我這個世代的昔日家常，但今天卻成了必須努力才可獲得的確幸。我猜想作者莊祖宜近年面對的生涯之變，可能也是讓她再度重溫家庭堡壘的堅貞價值。我們不一定要遇見天翻地覆的變故才珍惜家庭，我們也不一定要遇見疫情才彼此扶持，我們只要每天回家洗手做晚餐，家人一起吃飯，我們也許就得到某種美好幸福的保證……。

一本溫柔有愛的書

馬在芳

這本書，真是得來不易。

它的成書背景，首先是疫情肆虐、全世界翻天覆地的三年，原本理所當然的日常：上館子、辦家宴、上菜場，一夕之間全都變成奢想。祖宜一家更因男主人身為美國外交官，在美中關係急轉直下的時刻捲入風暴。祖宜獨自帶著兩個孩子倉皇赴美，夫妻分隔兩地，新居安頓不易，一切只能將就。這段時間，祖宜莫名遭受彌天蓋地的「網暴」攻擊，她自謂「一度心灰意冷，失去了對生活的熱情」。

幸好，不管怎麼樣，人總是要吃飯的。廚房的勞動，讓祖宜能夠放空、歸零、慢慢療癒。居處總算安頓好，丈夫也終於和妻兒團聚，家裡還多了一隻小狗。這一家子，就是祖宜說的「天塌下來也要維護的歲月靜好」。

其實對她來說，天，已經塌過了。親手料理一頓一頓的飯菜，或許就是「煉石補天」的過程。

所以，這本賞心悅目的做菜書，也是「如何在亂世中撐住生活」的紀錄。祖宜說：很長一段時間她幾乎斷絕社交，「做菜也省去了作秀的成分」，純粹只為家人和自己。那麼，從這個角度說，這更是一本不折不扣的「家常菜」之書。

常常覺得，做菜最難就在這「家常」二字。一家館子手藝再好，每天吃也會受不了。若沒有最深的愛和堅如磐石的信念，怎麼可能天天月月年年都用平平常常的材料，做出全家人歡喜捧場的飯菜？書裡的每一道菜，都是用全副的愛做出來的，不時還讓我們窺見祖宜的生活和心念：比方至少兩處提到燉魚湯濾出來的魚肉拆掉骨頭可以「餵貓

狗」，我就想到他們家很有口福的狗兒 Django。比方她用羽衣甘藍抹橄欖油和海鹽烤成脆片，那是不想讓兒子吃垃圾零食的美味對策。光看食譜就有「嘴裡放煙火」華麗氣派的墨西哥式烤玉米，呼喚著她兒時對台式烤玉米的記憶（她還告訴我們：欲使玉米焦香，夾著在瓦斯爐火滾一滾就是了）。加海鮮和香腸燉煮的「低窪地什錦飯（Lowcountry Perloo）」則是向她夫婿故鄉南卡羅萊納州復育的十九世紀名產「黃金米」致敬，也融合了亞洲人對「煮飯」這件事的講究。

這些年，祖宜一家從上海到華府到雅加達到成都，每搬一次家，都是她以餐桌作為人類學田野實踐場域的新階段。這本書有上海菜、川菜、美墨料理、印尼菜，也有她懷念的台灣味。祖宜並不強求「最正宗的料理」，而是因地制宜、就地取材、即興變化（這是家常菜的奧義）：鰻魚加魚露取代印尼蝦醬 Terasi，鷹嘴豆取代川味「耙豌豆」，味道一樣好。買不到法國品種細長的四季豆，把豆莖斜切成細條，口感也很讚。還有許多極受用的「偷吃步」和「一點訣」：拌沙拉，醬汁不可一次全下，要和蔬菜分批入碗，才拌得勻。茄子保色不用加醋先煮，微波一下就行。清燙豆類不需浸冰水，趁熱拌鹽才容易入味。烤孢子甘藍、羽衣甘藍淋上油一定要親手拌勻，不能用工具，否則烤不脆。炒糖色轉瞬即滾，極燙別碰（我猜她多半被燙過）……凡此種種，都是日常經驗淬鍊的實用心法。

祖宜深知家廚的難處，她鼓勵我們常備市售的紅、綠咖哩醬，常備一些鷹嘴豆、番茄、白豆罐頭，善用現成材料，三兩下就能體面出菜。她也讓我們知道：燙麵只要掌握粉水比，和好麵糰立刻可以擀麵烙餅，又快又好吃。有些一臉講究、感覺不怎麼「家常」的菜，比方油封鴨腿、簑衣黃瓜、粉蒸肉、川式椒麻雞，只要照步驟做，其實並不麻煩，端上桌又氣派（讀油封鴨腿食譜，才剛在想「剩這麼多香料油怎麼辦？」她這就告訴我們了：可以做蔥油餅、煎馬鈴薯。啊，想到她寫過的寧波鍋燒小洋芋，用鴨油煎，鍋鏟壓一壓，煎到表皮焦脆，一定香死美死）。

二〇一八年我去成都，到祖宜府上吃了一頓家宴。不但嗜了正宗的麻婆豆腐，還學會了川式椒麻雞的做法（食譜書裡都有）。也是那趟旅行，祖宜的朋友送我一桶有機菜籽油，我珍而重之扛回台北。有了它，加上郫縣豆瓣和漢源花椒，從此料理川味

更有底氣。

後來我常常做這兩道菜，川式椒麻雞甚至被我「借花獻佛」教給「紀州庵文學森林」，成為「作家私房菜」之一。每聞到四川菜籽油那無可比擬的香氣，我仍會想起那趟旅行。儘管後來席捲時代的災厄讓許多事情變了味，我仍記得那天大夥酒足飯飽，一起彈吉他唱崔健〈快讓我在這雪地上撒點兒野〉、唱李雙澤〈美麗島〉。我一面讀著這本書，一面和祖宜一樣，憶起「那些遙遠的地方、見不到的人、想念的味道」……。

謝謝堅強的祖宜，寫出這本溫柔有愛的書。讀完，我只想好好逛一逛菜場，好好做幾個菜——吃飽了，才更有力氣面向未來。

餐桌上的人間田野

　　過去我常自豪地説：二十多年來我每天下廚，幾乎不曾間斷。一直到新冠疫情爆發後才意識到，以前的所謂「每天下廚」是多麼輕鬆任性，往往只是給自己下碗麵條或拌個沙拉。如果燒一桌子菜，那絕對是發自內心想燒菜，而人多或工作忙的時候，出門上餐館則理所當然，可説是享盡了現代都會的優勢而不自覺。

　　然後二○二○年忽地與世隔絕，一家人關在屋裡上班上學。我每天似乎剛刷洗完前一頓的碗盤就得思索下一餐，周而復始無所遁逃。對一個熱愛烹飪的人來説，這是我第一次面對張羅飯菜感到疲憊，終於切身體會到許多職業婦女和老一輩人在廚房裡純為責任而非口腹之慾操勞的無奈。

　　卻沒想到正是這樣出乎於責任的持家烹飪讓我得以站穩了腳跟。那段期間我遭遇了出乎意料的打擊，一度心灰意冷，失去了對生活的熱情。如果當時不需要為家人打點三餐，我很可能就此躺在床上一蹶不振；而守在冰箱、爐灶和流理台圍繞成的避風港裡，我的手腳得以勞動，腦袋得以放空，不知不覺地啟動了自我療癒，然後慢慢地不知道從哪天開始，很糟糕的世界看起來又有點可愛了。

　　整理書稿時回顧過去三年間隨手拍的照片，幾乎全是小孩小狗和飯菜……就是我天塌下來也要維護的「歲月靜好」。很長一段時間我既不請客也很少上網，與外界交流降到最低，做菜也省去了作秀的成分，純粹只想做出內心渴望的味道。當生活回歸到最簡單的狀態，那些保留下來的必然是打從心底珍重愛惜的。面對三餐我不求山珍海味，盡量化繁為簡，但有些細節還是習慣性堅持，比如撇浮沫、摘粗莖、什麼菜配什麼碗盤、上桌前盤緣油漬要抹乾淨等等，都是即使只有一家四口也絕不馬虎的每日儀式。偶爾再

多花點心思把青蔥切成天女散花的細絲、把小黃瓜雕成可以拉長長的小青龍、把麵餅刮花盤出螺旋的細紋，做菜就悄悄地從家務事幻化為有點奢侈的樂事。 忙完後一家人圍桌大快朵頤，輕鬆談笑，是任何外界風雨都不能撼動的親密時光。

這本書裡記錄的就是這段期間我們一家人實際的飯菜。

幾年前作家張大春答應為我家餐廚空間題一幅字。我們書信往來幾番斟酌，最後定下「人間田野」四個大字 ，因為廚房是我研究與戲耍的田野，而我的田野在四海人間。 這組字在太平盛世有一種豪情萬丈，而換作因疫情和政治日益封閉孤立的今日，它對我而言的意義是一扇心靈的窗。 那些遙遠的地方、見不到的人、想念的味道⋯⋯，都可以透過一道道菜餚在自家餐桌上重現。

這一路走來，我的體悟是：只要還有心情做菜，還有胃口吃飯，對世界就能懷抱希望。

Cheers ！

莊祖宜

Mother's Day Breakfast by Theo and Oliver, 2022.

兩個兒子做的母親節早餐。

PART
1

我家的餐桌

套餐的概念

這本書裡分享了二十組套餐，每套三道菜，大體一葷兩素，是我們一家四口開飯的基本模式。我通常會從一個菜系主題出發，或是從一道特別想吃的菜延伸出合適的搭配。如果其中一道菜比較麻煩費時，另外兩道必然從簡，力求在容易掌控的規模內達到色香味俱全。

這樣的安排在某種程度上打破了中式家常菜很多人習慣的模式。從小我們與家人朋友圍桌吃飯，似乎每兩個人至少要有三道菜，三個人五道菜，五個人八道菜……。掌廚的媽媽爸爸或祖父母似乎都有三頭六臂，轉個身又快炒一盤菜上桌，如此日復一日非常了不起，但從我這代以後很少人有這個能耐。我常聽人說西餐烹調比中餐容易得多，菜色沒那麼複雜，油煙也少，做菜比較能保持優雅。或許因為這樣，這幾年很多人會煎牛排和煮義大利麵，擅長炒菜的人反而不多了。

其實做中菜何嘗不能從容優雅？我多年來每日實戰演練的心得是，上菜要從容，訣竅是分散火源——比如慢燉配涼拌，快炒搭清蒸……，最怕臨上桌了還急著洗鍋子再炒一個菜。日本主婦為什麼那麼優雅，我覺得一大原因是他們很多菜本來設定就是吃溫的涼的，提早準備好擺著，味道也不打折扣。反觀中華胃的一大特點是我們身心特別依賴熱騰騰的食物，所以掌廚的人在上菜前最後一刻的壓力比較大，也因此分散火源就格外重要。我向來鼓勵大家多用烤箱製作甜點以外的菜色，最近幾年更全心擁抱氣炸鍋和微波爐，發現前者非常適合中式炒菜常見的過油與乾煸步驟（如乾煸四季豆，見87頁）或小份量的烤箱料理（如手風琴馬鈴薯，見143頁），後者若使用得當則是蒸煮利器（如燒椒茄子，見112頁、番薯泥，見54頁）。從此又多了兩個火源，少了幾分慌亂。

在有限的時間和資源下，如果添加一道菜為用餐帶來的滿足感與投注的心力不成比例，也就是經濟學上說的「邊際效應」不足，我會覺得不如省略。很多時候一餐飯如果肉太多，或類似口味、質地的菜色反覆出現，對味蕾和腸胃會是疲勞轟炸。雞鴨魚肉花團錦簇的場面留給年節很合適，而平日用餐只要搭配得宜，簡簡單單就可以豐盛美好。

這本書裡呈現的是我家餐桌的實況，有些菜色平凡到幾乎不好意思拿出來給大家看（比如炒空心菜、番茄蛋花湯）。最終決定把這些菜一併寫入書裡，一方面因為再簡單的菜都有一些精益求精的小竅門，另一方面因為它們能與套餐裡更繁複的菜色達成口味或質地、溫度、色澤……適切的互補效果。實際操作上，當然可以依個人喜好替換搭配。時間有限或食材不足時，中式菜色永遠可以搭配一盤炒青菜，西式菜色則永遠可以搭配一盤生菜沙拉。人多的時候每道菜的份量做大一點，加量不加樣，或是同樣以分散火源和口味互補的原則添加幾道菜，如此一來，做的人和吃的人都比較沒有負擔。

口味反應生活的軌跡，我們家的餐桌因此五味雜陳，體現了我兼容大江南北的台式中華胃，穿插一些對歐陸和東南亞飲食的依賴，也明顯帶有北美本地食材與我們上一站居住地川菜碰撞的痕跡。我是個任性的媽媽，平日自己想吃什麼就做什麼，從不為遷就孩子而下手輕一點，也因此造就出兩個能吃麻辣、酷愛蔥蒜、不忌酸也不太怕苦的兒子。但即使再任性的廚師也有必須妥協的時候。翻一下書就會發現，由於我大兒子目前仍拒絕吃任何海洋生物，菜單上河海鮮的比例偏低。又因為家裡三個男生都偏好脆口的食物，對軟爛黏稠的東西比較抗拒，多年來造就出一個做菜偏乾爽的我。

回頭看看，所謂「風格」，就是一個人的內心想望與周遭人事物磨合出來的 work-in-progress（工作進行式），必然會隨著時間和環境變化。將我因人因時因地制宜的家常飲食分享給大家，深知偏頗不全，但希望多少有一些參考價值，能鼓勵更多人在家做菜。

Tips ●●●

計量說明

● 這本食譜書裡寫的都是家常菜，不包含特別講求精準的點心烘焙，也因此材料計量採用比較感官的文字，如：「1大把」、「小半碗」、「2-3根」。

● 注意常出現的「1大匙」和「1小匙（或1茶匙）」，基本上等同於美式標準量匙的 tbsp（tablespoon）和 tsp（teaspoon），但下廚時完全沒有必要錙銖計較，頂多拿家裡現有的湯匙和茶匙區分就可以。

Tips ●●●

有關氣炸鍋

　　氣炸鍋雖然名稱裡有「炸」這個字，大家千萬不要把它侷限為純粹代替油炸的工具。它其實就是一個效率特別高的小烤箱（convection oven），因為熱空氣在很有限的範圍裡三百六十度迴旋，加熱特別迅速，受熱也比一般烤箱更均勻。所有適合在烤箱裡烹調的菜色點心，只要氣炸鍋放得下，都可以在更短的時間內達成。如果參照烤箱食譜，改用氣炸鍋我一般會將溫度設定減低10℃/20℉，烹調時間約打七折，中途隨時可以拉開來檢查一下，順便甩一甩炸籃使食材分佈均勻。隔日的麵包、燒餅、油條……只要丟進去三、五分鐘，甚至無需預熱，就像剛出爐一樣新鮮。油脂豐厚的肉類如雞腿、雞翅、五花肉、排骨等等，用氣炸鍋烹調可以達到非常酥脆的效果，同時多餘的油脂從炸網瀝出去，吃起來更乾爽健康。小份量的番薯、南瓜、馬鈴薯、白花椰、蘑菇、茄子等等各色蔬菜都可以薄薄抹一層油，撒鹽和辛香料丟進去烤，隨手就是一盤菜。

　　如果哪天必須住在不能開火的宿舍或小套房裡，我會給自己準備一個氣炸鍋和一個電飯鍋，這樣乾濕脆軟的烹調就能包辦啦！

MENU

紅燒肉
Shanghai Style "Red-Cooked" Pork Belly

糟鹵拼盤
Prawns, Gizzards and Edamame in Shaoxing Wine Lees

雪菜筍片
Sautéed Bamboo Shoots with Salted Mustard Greens

紅燒肉

Shanghai Style "Red-Cooked" Pork Belly

「紅燒」是中菜特有的烹調法，由於指標性鮮明，甚至在英文裡都有「red cooking」一詞。然而到底該怎麼紅燒呢？每家的說法做法都不太一樣，網上也百家爭鳴：有人炒糖色，有人用老抽，有人先煎後燉，有人先燉後蒸，有人加香料有人不加香料，還有人堅持只加紹興酒不用一滴水……，看了頭昏眼花。我參考了眾家之言，結論是條條大路通羅馬，只要有豬肉有糖有醬油就錯不到哪裡去。然而天下但凡簡單的事物都仍可精益求精，以下是我反覆習作的心得，主要希望達到：一、色澤紅豔晶亮，二、肉塊方正挺立，三、質地軟而不爛，四、舉箸搖曳生姿，在此分享。

材料

- 帶皮五花肉一整塊：約 500 克
- 生薑：3-5 片
- 青蔥：2-3 根，切段
- 冰糖：2 大匙
- 醬油：約 1 碗
- 紹興酒：2 大匙

做法

1. 五花肉洗淨放進深鍋，倒入清水蓋過。加熱煮開後撇浮沫，轉小火續煮 30 分鐘，取出沖水瀝乾放涼，如果時間充裕可以冷藏 1 小時至隔夜。（這個部分的目的是煮熟定型，我通常不加薑、蒜、紹興酒，因為覺得效果有限，但如果習慣添加當然沒問題。最後剩下的肉湯可以保留用來燒菜或做煮麵湯底。）

2. 五花肉煮熟放涼後很容易分切成平整的肉塊，之後再煎煮炒炸都不會扭曲變形。切塊時若是講究一點，可以把邊角都裁切方正，然後再分切成大小相當的方塊。裁切下來的邊角到時一樣可以下鍋紅燒，中途調整火候口味的時候正好可以挑出那些小塊來品嚐。

3. 可以把切好的肉塊入鍋用中火把每面煎黃，逼出多餘的油脂。這樣煎過再燒的肉吃起來多一分非常美味的嚼勁，不過，即使燉軟了也難以呈現澎澎彈跳的搖曳姿態，所以我建議省略，但大家可以實驗看看自己偏好哪一種口感。

4　炒糖色，檯面準備好 1 小杯清水。冰糖顆粒若特大塊，需要預先敲碎，不然就直接倒入炒鍋，淋 1 小勺清水和勻煮開。冰糖溶化後繼續大火滾煮，水分完全揮發後溫度上升很快，看到顏色開始轉黃就調至中小火（這時溫度很高，千萬不要觸碰），再稍待片刻轉為深琥珀色時倒入小杯清水，趁滾沸時以鍋鏟攪拌均勻。

5　五花肉塊放入炒好的焦糖水，加薑片、蔥段、紹興酒、醬油，倒入清水至剛好蓋過（水加太多會延長最後收汁時間），煮開轉小火，加蓋慢燉 1 小時，中途偶爾攪拌一下檢查火候。如果想加料（如：百頁結、冬筍、鵪鶉蛋等），可以在燉煮了 40-50 分鐘後加入。

6　1 小時後挑出 1 小塊邊角嚐嚐味道。上海人說，紅燒肉如果太甜就是醬油不夠，太鹹就是糖不夠，只有加沒有減的道理，基本上錯不了，只是注意最後還要收汁濃縮，所以調味在此必須稍有保留。接著測試熟軟度，用筷子尖戳戳皮肉，如果能輕易戳過，火候就差不多了，如果還有點韌性就關蓋再燉 30 分鐘。

7　最後收汁。先撿出薑片和蔥段，撇除表面多餘的油脂，接著轉大火滾煮揮發水分。確切需要多少時間收汁取決於鍋中水分多寡。收汁期間偶爾攪拌一下以確保醬汁覆蓋均勻，當觀察到醬汁滾煮的氣泡變大，質地濃稠，色澤泛紅發亮，一鍋肉就是燉好了。

糟鹵拼盤

Prawns, Gizzards and Edamame in Shaoxing Wine Lees

糟鹵是江浙菜系的祕密武器。如果你手上沒有一瓶，我建議立刻去買。

多數台灣人對「糟」的認識主要透過紅糟，那是紅麴米與糯米一起釀酒剩下的糟粕，有一股迷人的酒香與嫣紅色澤，可用來炒菜、醃肉、煮湯⋯⋯等等。這裡說的糟鹵與紅糟原理近似，由釀造紹興酒的糟粕加工而成，帶酒香卻沒有酒精，富含發酵物質共通的天然鮮味。我曾用過酒桶裡沉澱的純天然糟泥製作小菜，必須調和高湯後反覆以紗布過濾爛泥，工序極為繁複。市售糟鹵是精煉過的，透明無渣且已添加了鹽味，可以直接用來浸泡醃漬食物，非常方便。以下三樣食材（蝦、雞胗、毛豆）是江浙菜系裡最經典的糟鹵應用，同時也適用於雞爪、雞翅、鵪鶉蛋、豬耳朵、豬肚、豬蹄、鮑魚、螺頭、茭白筍、花生等等⋯⋯，所有平日不容易入味的食材碰到糟鹵都沒輒。此外除了用來浸漬食材，平日無論炒菜、蒸魚、涼拌⋯⋯都可以加幾滴糟鹵，平添一絲奇妙而悠長的韻味。

材料

- 香糟鹵：1 瓶 500 毫升
- 帶莢毛豆：100 克
- 新鮮帶殼蝦子：100 克
- 雞胗：100 克
- 青蔥：幾根
- 薑：幾片
- 麻油或花椒油：幾滴

做法

1　毛豆：毛豆莢洗淨剪去兩頭（方便入味），入滾水煮 5 分鐘，取出立刻泡冰水降溫，瀝乾備用。

蝦：一鍋滾水煮開，加蔥段、薑片，放入鮮蝦燙熟，約 1 分鐘，取出立刻泡冰水降溫，瀝乾備用。

雞胗：一鍋滾水煮開，加蔥段、薑片，放入洗淨的雞胗，煮開撇浮沫，轉小火續煮 10 分鐘，取出立刻泡冰水降溫，瀝乾備用。

（我一般習慣三樣食材分開燙熟以避免篡味，但如果為了省時想一鍋水煮到底，建議先煮毛豆，撈起後續煮蝦，最後才煮味道最重的雞胗。）

2　3 樣食材各自擺入容器裡，倒入糟鹵至側身約 7-8 成高，再倒入涼水剛好蓋過（汁水鹹度比可以直接吃的程度再鹹一點就剛剛好）。放進冰箱裡浸泡至少 2 小時，至多隔夜。上菜前撿出盛盤，淋少許浸泡用的糟鹵汁和幾滴麻油或花椒油。

雪菜筍片

Sautéed Bamboo Shoots with Salted Mustard Greens

我們常說上海菜「濃油赤醬」，那是以偏概全。一餐搭配巧妙的海派餐桌上，濃油赤醬的菜式總伴隨著清新翠綠的蔬食，如：薺菜、馬蘭頭、雪菜、豆瓣（蠶豆）、毛豆……，襯上點點瑩白，如：豆乾、百頁、竹筍、茭白筍、蘑菇……，如此無論在視覺和味覺上都達到平衡，多一分清雅舒適。江浙人一旦離開了出生地，往往最想念那些季節性的脆嫩蔬食與醃漬味（畢竟豬肉和醬油哪兒都有）。因此若能在冒新筍的短暫當下炒一盤雪菜筍片，那可是會讓遊子感動入心坎的。

材料

- 春筍：3 根
- 雪菜末：4 大匙（約 2 株切碎）
- 大紅辣椒：1 根，去籽切細丁
- 植物油：2 大匙

做法

1　首先處理筍：春筍切除粗硬根部，表面縱向劃 1 刀剝除筍殼。裡頭白淨的嫩筍可以斜切片，或者縱向剖半後再切斜片，無需汆燙。

2　整株的雪菜宜先沖過水，剝下一點嚐嚐味道，如果非常鹹，必須泡 10 分鐘清水，擰乾後切碎。現成已切碎的罐頭或袋裝雪菜可直接使用。

3　炒鍋以中大火熱油（油不宜太少），下筍片快炒約 30 秒，接著下雪菜和辣椒末炒香，加少許清水炒拌均勻。嚐嚐味道，雪菜的鹹味若不足以融入筍片，再酌量加點鹽即可起鍋。

♥　我用的是馬里蘭州 4、5 月盛產的本地春筍，類似台灣的桂竹筍，與江浙春筍比起來少了點爽脆，但鮮嫩有餘。在台灣用初夏的新鮮綠竹筍應是上選，做法不變。

MENU

泰式烤豬頸肉
Grilled Pork Neck with Spicy Thai Dipping Sauce

南瓜椰漿咖哩
Pumpkin Coconut Curry

辣炒空心菜
Stir-fried Water Spinach

♥ 正宗的泰北料理少不了糯米脆粉，主要用來提升口感層次。脆粉的做法非常簡單，就用乾鍋以中火慢慢炒黃 1 勺乾糯米，然後用杵臼搗碎或食物調理機磨碎。我個人認為如果時間吃緊，沾醬裡少了糯米脆粉其實影響不大。另外我家因為常備自製蒸肉粉（見 119 頁），材料與口感近似，有時就直接拿來入泰式沾醬，絲毫不違和。

泰式烤豬頸肉

Grilled Pork Neck with Spicy Thai Dipping Sauce

豬頸肉（也稱松阪豬）是豬面頰到下顎之間的薄薄兩片肉，其油花分佈阡陌縱橫，切開來貌似霜降和牛，口感有種獨特的爽脆，醇厚不膩口。在我的經驗裡，無論油炸還是水煮，大火乾煎還是小火慢烤，怎麼做都不可能失敗，非常適合新手料理。在比較高檔的超市裡，豬頸肉一般已經處理得乾乾淨淨，肌理清晰，但如果你在菜場肉攤或大賣場冷凍櫃裡看到豬頸肉（價格肯定實惠許多），它的表層恐怕還留著兩、三公分厚的肥油，這時就需要細心切除。我建議肥油不要全部切掉，最好留下薄薄一層，這樣煎烤的時候逼掉油脂會變得格外焦脆。另外坊間大部分食譜都建議先用醬油或蠔油醃豬頸肉，喜歡這麼做當然可以，但我覺得其實沒有必要。直接撒鹽烹調不僅省時，效果還更好，可以在表層完全乾爽的狀況下煎烤到香脆，利用純粹梅納反應而不是醬油的焦化來達到金黃色澤。吃的時候包生菜葉沾泰北風味的青檸魚露汁（nam jim jaew），絕配！

材料

· 豬頸肉：1 片
· 鹽：適量
· 紅蔥頭：1 小顆
· 魚露：2 大匙
· 青檸檬：1 顆，擠汁
· 棕櫚糖或紅糖：2 茶匙
· 粗粒乾辣椒粉：1 茶匙
· 蔥花：1 小把
· 香菜：1 小把，切碎
· 糯米脆粉（見左頁說明）：
　　1 大匙
· 生菜葉：幾片

做法

1　豬頸肉洗淨擦乾，表面均勻撒上薄薄一層鹽，靜置備用。

2　準備沾醬：紅蔥頭剝皮，剖半，切薄片，放入小碗中，接著倒入魚露、青檸汁和棕櫚糖拌勻，加大約與魚露等量的清水稀釋，嚐嚐味道，如果還非常鹹就再加一點水。最後加入辣椒粉、蔥花、香菜拌勻備用。

3　煎鍋或炭烤爐抹少許油加熱，豬頸肉肥油多的一面先下鍋，不時用鍋鏟按壓以確保肉和鍋面貼合，維持中火慢慢逼出表面多餘油脂，大約 3-4 分鐘直到金黃焦脆後翻面，反面再煎約 3-4 分鐘直到焦香上色。起鍋靜置片刻後斜切薄片，盛盤搭配生菜葉。之前準備好的沾醬加入糯米脆粉（太早加就不脆了），淋少許於烤肉上，剩餘佐餐沾食。

南瓜椰漿咖哩

Pumpkin Coconut Curry

　　東南亞的咖哩菜色非常講究現磨醬泥，須動員的香草和乾香料少則七、八種，多則十幾種，常讓人望而生畏。如果在家不是特別頻繁做南洋咖哩，我建議與其自製不如買一罐現成的紅咖哩和綠咖哩醬擺在冰箱裡，這樣挖幾勺搭配罐頭椰漿燉煮肉類和蔬菜都非常方便。以下這個做法連現成咖哩醬都省了，直接用一般家庭廚櫃裡都有的咖哩粉，雖稱不上正宗但味道也非常好，稍微簡單的香料組合更凸顯南瓜本身的香甜。如果希望泰式風味更強烈一些，可以在燉煮時自行添加幾段新鮮香茅和一、兩片檸檬葉。

材料

- 小南瓜：1 個
- 植物油：1 大匙
- 紅蔥頭：1 顆，對半後切片
- 蒜末：1 大匙
- 薑末：1 大匙
- 甜紅椒：1 個，去籽切條；
  或大紅辣椒：2-3 根，斜切段
- 咖哩粉：2 大匙
- 鹽：半茶匙
- 椰漿：1 罐約 400 毫升
- 魚露：2 大匙
- 青檸汁：1 大匙
- 香菜：1 小把，切碎

做法

1　首先處理南瓜：用刮皮刀削下表面硬皮（薄嫩的皮可以不削），接著剖半，用湯匙挖除南瓜籽和多餘纖維，切成方塊備用。

2　熱油爆香紅蔥頭與薑蒜末，下紅椒炒到稍軟，接著下咖哩粉、南瓜、鹽，炒拌均勻，倒入椰漿，再用空罐頭裝滿 1 罐清水倒入，煮開轉小火燉煮約 20 分鐘，直到南瓜徹底軟爛但不至於碎裂。加魚露和青檸汁拌勻，嚐嚐調整鹹度（可加鹽或加魚露），上桌前撒上香菜末。

💜　我喜歡選用皮薄肉甜的栗子南瓜（Kabocha Squash）和嫩皮南瓜（Delicata Squash），兩者都可以不削皮，大小也恰恰適合做 1 鍋咖哩。如果買得到現成已經削皮切好的大南瓜（Pumpkin）或奶油南瓜（Butternut Squash）當然更方便，那麼只需要大約 350-500 克的份量就夠了。

辣炒空心菜

Stir-fried Water Spinach

　　炒空心菜要好吃，除了菜本身新鮮脆嫩，祕訣無他——必須大火快炒。一般家庭的瓦斯爐或電爐火力遠遠不及專業廚房，這時必須特別注意的兩點是：一、炒鍋不能太小，二、菜量不能太大。我觀察許多人炒菜最大的問題就是鍋小菜多，根本沒有煙燻火燎的翻轉餘地，只能擠成一團燜到軟爛發黃。這種條件下，我建議不如先燙過瀝乾再炒，效果更好些。

材料

- 空心菜：1 大把
- 植物油：2 大匙
- 大蒜：3-4 瓣，切碎
- 辣椒：2-3 根，切段
- 鹽：約半茶匙
- 魚露：少許

做法

1　空心菜洗淨瀝乾，切成約 5 公分中段，莖葉分開。

2　炒鍋大火熱油，爆香大蒜、辣椒，先下菜莖和一半的鹽拌炒至稍軟，然後加入菜葉和另一半鹽繼續炒至出水，嚐嚐味道加魚露調整鹹度即可盛盤。

MENU

孜然肋排
Roasted Spareribs with Cumin and Chili

芹菜豆乾
Chinese Celery with Marinated Tofu

蓑衣黃瓜
Cucumber Dragon

孜然肋排

Roasted Spareribs with Cumin and Chili

　　我第一次吃這道菜是在台北一家著名的湘菜館，驚為天人。回家後潛心復刻，試過煎煮炒炸種種方式，最後為兼具焦香脫骨與軟韌多汁，以先烤後炒的版本定奪。肋排的選擇上，我認為味道最理想的是肉質肥厚帶一些軟骨，俗稱子排或腩排的部位，但市場上很難買到不斬斷的。美式那種一大片的肋排分切後細長彎曲（如左圖），肉雖然不多，但賣相非常好。如果實在買不到整根的肋排，用小排骨也是可以的。最後整粒孜然的部分用量千萬不要小氣，建議買批發式的一大包，比較不會心疼手軟。如此一盤肋排大剌剌地送上桌，其他配菜隨便充充數都不會有人嫌棄了。

材料

- 豬肋排：8-10 根
- 鹽：約 2 茶匙
- 蒜粉：半茶匙
- 孜然粉：1 茶匙
- 花椒粉：半茶匙
- 辣椒粉：1 茶匙
- 植物油：小半碗
- 整粒孜然：半碗
- 蔥花：1 大把
- 蒜末：2 大匙
- 整粒花椒：1 茶匙
- 新鮮辣椒或乾辣椒：1 小把，切段

做法

1. 肋排洗淨擦乾，表面均勻撒上薄薄一層鹽，接著加入蒜粉、孜然粉、花椒粉、辣椒粉（不嗜辣可用匈牙利紅椒粉〔paprika〕代替），淋上少許植物油，抓拌均勻（抹了油才能均勻烤上色），醃至少 10 分鐘，至多隔夜。

2. 烤箱預熱 200℃／400℉。

3. 醃好的肋排平鋪烤盤上，烤 30 分鐘後取出翻一次面，再烤約 20-30 分鐘，直到四面金黃焦香。

4. 炒鍋開中小火熱油，倒入大把孜然慢慢炒香炸酥，接著加入蔥、蒜、花椒、辣椒炒香，撒少許鹽。烤好的肋排連帶盤底的油倒入鍋中，炒拌均勻即可。

♥ 這裡用 2-3 大匙醬油代替鹽也可以，但根據我的經驗，以這個溫度、時間要烤到乾香不焦黑的狀態，抹鹽的效果比較好。

芹菜豆乾

Chinese Celery with Marinated Tofu

❖

　　這是屬於那種簡單到幾乎不好意思拿出來寫的菜,但偏偏就是那麼清新家常百搭。豆乾是我家冰箱裡的常備食材,切丁切片切絲,炒菜炒肉或涼拌都好,搭配芹菜尤其爽口。調味上沒有定律,但看如何與其他菜色相映襯。當一桌菜普遍偏重口味時,我炒芹菜豆乾就只加點鹽,幾滴麻油,頂多再幾根辣椒絲,以保持色澤乾淨口味清爽。但如果搭配的菜餚口味偏淡,我就會加多一點醬油,甚至下點甜麵醬或辣豆瓣也行。

材料 ❖

- 豆乾:2-4 塊
- 芹菜:1 把
- 大紅辣椒:1 根
- 植物油:1 大匙
- 鹽:少許
- 醬油:1 小匙

做法 ❖

1　豆乾先橫切為約 0.5 公分厚片,再切成細條備用。

2　芹菜從尾端折一小段往上提拉,撕掉粗硬纖維,切成與豆乾長短相近的條段。

3　辣椒去蒂去籽,也切成長短相近的細絲。

4　炒鍋以中大火燒熱,加 1 大匙油,先下豆乾炒軟,撒少許鹽後推至鍋邊,再下芹菜、辣椒,也撒少許鹽。大火拌炒均勻,臨起鍋前從鍋邊加醬油炒香拌勻,即可起鍋。

蓑衣黃瓜

Cucumber Dragon

當一點點小心思可以得到大大的回饋時，多花一點力氣非常值得，蓑衣黃瓜就是個例子。比起普通切片或切條的黃瓜，它需要靜下心來慢慢切（不要求快，慢慢切萬無一失），但兩面切完一抖開，哇！雙螺旋 DNA 造型非常炫目，保管讓家人朋友敬拜你為廚神。切好的黃瓜抹鹽醃二十分鐘，隨著水分釋出、組織鬆弛，黃瓜會越拉越長。與其說是蓑衣，我覺得更像一條小青龍呢！

材料

- 細長型小黃瓜：1-2 條
- 鹽：適量
- 糖：少許
- 蒜末：1 大匙
- 醬油：2 大匙
- 醋：2 大匙
- 辣椒段：少許
- 麻油：1 茶匙

做法

1 黃瓜洗淨擦乾，平放砧板上，兩邊各擺一根筷子夾住。

2 刀鋒與黃瓜呈 45 度斜角下刀，尖尖的兩頭必須切淺一點以防斷裂，其餘部分一路放心往下切，直到碰到筷子，約每 0.2 公分一刀，稍微切寬一點或窄一點都可以，但間距要盡量保持一致。

3 黃瓜翻轉 180 度，仍然用筷子夾住兩邊，這回刀鋒與黃瓜呈 90 度直角下刀，與反面同樣的間距切到筷子處。不用擔心切太深，如果切太淺是達不到效果的。

4 切好的黃瓜表面均勻撒一層鹽，靜置約 20 分鐘。

5 組合涼拌汁：碗裡放入糖、蒜末、醬油、醋、辣椒段和麻油，加 1 匙清水調勻。

6 黃瓜擺盤，淋上涼拌汁即可。

MENU

烤煙燻紅椒里肌
Pan-roasted Paprika-rubbed Pork Tenderloin

焦脆孢子甘藍
Caramelized Brussel Sprouts

鼠尾草焦褐奶油拌番薯泥
Sweet Potato Mash with Brown Butter and Sage

烤煙燻紅椒里肌

Pan-roasted Paprika-rubbed Pork Tenderloin

❖

　　西式烹調裡肉類常常是一整塊烹煮，這對於適合小火慢燉慢烤至熟爛的部位，比如腱子、肋排、五花、蹄膀⋯⋯來說難度不大，但細嫩精瘦容易燒乾的部位，比如豬里肌和雞胸，如果不是像國人習慣那樣切薄切細來快炒或汆燙，而是整塊烹調，就很挑戰掌握火候的功力。這個時候提早抹鹽或泡鹽水就極其重要，它不但能讓鹹味徹底滲透，還能降低肌肉遇熱收縮的幅度，並減少水分流失。為此，我預備整塊烹調里肌和雞胸時，買回家一定馬上洗淨擦乾，塗抹約肉身重量百分之一的鹽（基本上就是在表面薄薄撒一層）。有時我也會加一匙紅糖或楓糖漿平衡鹹味，然後平鋪在容器裡敞開冷藏（不包保鮮膜）至少四小時，至多兩天。有了這層準備，根本不需要費時費耗材的「低溫慢煮」（sous-vide）就可以做出鮮嫩多汁的瘦肉料理。

　　這裡我選用煙燻紅椒粉調味里肌，既增香又上色，但其實辛香調料的部分大家可以看心情自由代換。所有辛香料可以一開始就跟鹽一起加入，或是最後再加也可以。所謂「醃料」除了鹽分糖分和酸性物質能被吸收，其他辛香味都留在表面，是滲透不進去的。

材料 ●

- 豬里肌：2 條
- 鹽：里肌重量的 1%，約 1-2 大匙
- 紅糖或楓糖漿：1 大匙
- 黑胡椒：少許
- 蒜粉：少許
- 煙燻紅椒粉（smoked paprika or piménton）：1 大匙
- 橄欖油：1 大匙

做法 ●

1　豬里肌剔除表面薄膜，洗淨擦乾，均勻抹上所有調料和橄欖油，平放入容器裡敞開冷藏至少 4 小時，至多 2 天。

2　烹調前半小時從冰箱取出回歸室溫，同時烤箱預熱 200℃／400 ℉。

3　取 1 直徑 25 公分（約 10 吋）的平底鍋，中大火加熱，里肌下鍋必須即刻聽到吱吱聲響（若不能整條入鍋可以切半）。約 2 分鐘翻面 1 次，直到表面均勻金黃上色，約 6 分鐘。接著鍋子直接送入烤箱（如果烤箱不夠大或鍋柄不能受熱，就將里肌移入小烤盤），

約15-17分鐘取出。確切時間與里肌大小厚度有關,
可以在烘烤當中翻個面以確保受熱均勻,時間快到
了取出檢查一下,用手指按壓,如果還很軟就要多
烤幾分鐘,如果已經像拳頭抓緊時的拇指下方掌緣
那樣結實,就是烤好了。

4　室溫靜置3-5分鐘讓離散至表層的汁水回流,然後
切2-3公分厚片,盛盤淋上鼠尾草焦褐奶油(見54
頁)。如果肉中心仍帶有一絲粉紅,不要驚慌,豬
肉只要超過58℃／137 ℉就是安全的,這樣絕對超
過了。

焦脆孢子甘藍

Caramelized Brussel Sprouts

　　這種口感焦脆且重口調味的孢子甘藍做法目前在歐美非常流行，徹底改變了過去那樣煮得軟爛泛黃被大眾嫌棄的形象。為了達到焦脆的口感，我過去慣常做法是一片片把葉子剝下來大火爆炒。但是剝這麼多小小的葉子很花時間，後來發現可以對半切，然後先烤再炒，效果也非常好。最後鍋沿溜一匙巴薩米克醋可以增香增鮮增色，做法其實很像中式的手撕包菜，是一道特別適合中華胃的西式綠葉蔬菜。

材料

- 孢子甘藍：約 20-30 顆
- 鹽：約半茶匙
- 橄欖油：2 大匙
- 大蒜：3-5 瓣，切碎
- 乾辣椒：幾條，或辣椒粉 1 小撮
- 巴薩米克醋：1 大匙

做法

1　烤箱預熱 230℃／450℉。

2　孢子甘藍洗淨瀝乾，從根莖處對半切，放在大碗裡加入鹽和一半的橄欖油，以雙手十指拌勻（用器具取代手是拌不均勻的，而沒有沾到油的部分烘烤不會變脆）。接著平鋪於烤盤，送入烤箱約 15 分鐘，直到表面邊角明顯焦黃即可取出。這部分也可以用氣炸鍋操作，溫度設定 200℃／400℉，無需預熱，大約 10 分鐘就焦脆了。

3　炒鍋燒熱，加剩下 1 匙的橄欖油爆香大蒜和乾辣椒，接著倒入已烤脆的孢子甘藍快炒，嚐一口調整鹽分，最後從鍋緣淋巴薩米克醋，炒拌均勻即可盛盤。

鼠尾草焦褐奶油拌番薯泥
Sweet Potato Mash with Brown Butter and Sage

⸙

　　番薯本身就香甜，屬於少數不需要調味就好吃的食材，但這裡我們給它一點微妙的變化，用鼠尾草焦褐奶油添加一抹深邃的奶香、蒜香和草本氣息。鼠尾草的葉片肥厚，在奶油裡慢慢加熱會釋放香氛精油，同時質地變脆，搭配薯泥使口感更豐富。如果沒有鼠尾草，也可以試試用新鮮迷迭香代換，不需切碎，整株丟進奶油裡煎到酥脆，效果也非常好。

材料

- 奶油：1 條（歐規 100 克或美規 4 盎司），有鹽和無鹽都可以，自行調整添加鹽量
- 新鮮鼠尾草：1 小把，疊放捲起來切條
- 大蒜：2-3 瓣，拍鬆切碎，不要太細
- 鹽：1 小撮
- 中型紅番薯：2-3 顆

做法 ·

1. 奶油切塊放入小奶鍋以中火融化，撇除表面浮起的奶蛋白泡沫。

2. 放入鼠尾草、蒜末、鹽，持續加熱約 2-3 分鐘（不要離開爐台邊！）直到奶油轉為深褐色並釋放出類似堅果的濃郁香氣。這時快快關火倒入小碗，鍋底會有一些焦褐的奶蛋白殘渣，如果覺得有礙觀瞻也可以過濾掉。焦褐奶油可以靜置於室溫一陣子，但如果天冷開始凝固，就隔水加熱或微波 10 秒鐘。

3. 準備奶油的同時也烤番薯，我覺得用氣炸鍋烤最香甜，有街邊烤番薯的焦糖香氣。放入氣炸鍋前記得先用刀尖戳幾下以利於蒸汽散發，避免爆裂，接著用 200℃／400℉烤 30-60 分鐘（確切時間取決於番薯大小），聞到濃濃甜香就是差不多好了，打開來戳一下最厚的部分看看是否已軟爛，還沒好就再烤 5 分鐘檢查一下。沒有氣炸鍋就用烤箱也很好，溫度設定一樣，時間在同一範圍內但會稍微久一點。

   如果時間不多可以微波或水煮，連皮微波前也需要用刀尖戳幾下，接著用 1000W 火力微波 5 分鐘，取出檢查如果還不夠軟就續加 30 秒直到軟爛。如果微波爐最大火力不到 1000W，就一開始設定 6-7 分鐘，聞到香味檢查一下，試過幾次就知道如何掌握時間了。

   水煮也很快，削皮切塊（約 2-3 公分見方），清水蓋過煮 10-15 分鐘至軟，接著瀝乾水分就好。

4. 熟軟的番薯趁熱用叉子搗爛（帶皮的就切開挖肉），拌入約一半份量的鼠尾草焦褐奶油。

MENU

手撕柑橘汁燉豬肉
Mojo Pulled Pork

燉黑豆
Spiced Black Beans

青檸香菜飯
Cilantro Rice

手撕柑橘汁燉豬肉

Mojo Pulled Pork

手撕豬肉是美洲燒烤裡很常見的一道菜，由豬肩肉慢烤後剁碎而成，做法和吃法都簡單粗暴，唯獨需要時間造就它外乾香內酥爛的質地。一般餐廳裡或食譜書介紹的手撕豬肉都很豪邁地用上一整個連肩膀的豬蹄，動輒五至十磅（一磅相當於四百五十公克），份量有點嚇人，主要因為豬肩在美國的超市和肉鋪就是這麼大塊賣。不過這對華人不是問題，直接去買那種拿來包肉粽或做叉燒的「梅花肉」就好啦！一次烤約兩磅重的梅花肉，足夠我們一家四口大快朵頤兩餐，豪邁又不失節制。

手撕豬肉的調味大致分兩派，有北美系統偏甜的烤肉醬風味，和古巴式柑橘汁（Mojo）風味，我個人覺得後者比較有意思而且不膩口。傳統做法必須先把豬肉醃浸在柑橘汁裡隔夜再烤，但我試過後覺得多此一舉，味道和質地都沒有比省事版的顯著加分。第一次做的時候你可能會懷疑我份量寫錯了，怎麼可能用那麼多橘子汁和檸檬汁！但請放心，經過長時間慢烤或慢燉後，原本酸澀的柑橘汁會與肉汁和香料融合為一，變得清新溫和鮮美，搭配白米飯和燉黑豆，異國情調中帶點熟悉，或者同起司一起包入墨西哥烤餅裡（見 189 頁）也非常合適。

材料

- 梅花肉或三角肉：約 2 磅或 1 公斤
- 橄欖油：1 大匙
- 鹽：1.5 茶匙
- 黑胡椒：1 茶匙
- 孜然粉：2 茶匙
- 煙燻紅椒粉（smoked paprika or pimentón）：1 茶匙
- 洋蔥：半個，切小丁
- 大蒜：4-5 瓣，切碎
- 柳橙汁或橘子汁：400 毫升（約 5-6 顆）
- 青檸汁：50 毫升（約 4 顆）
- 刨絲橙皮：1 顆份量
- 奧勒岡葉（Oregano）：1 茶匙
- 刨絲青檸皮：1 顆份量
- 香菜：1 大把，切碎

做法

梅花肉分切成 3-4 塊，表面均勻抹上橄欖油、鹽、黑胡椒、孜然粉、煙燻紅椒粉。如果時間許可，冷藏醃入味 2 小時，至多隔夜（鹽漬比傳統的酸漬更有效入味），若沒時間就直接烹調也無大礙。接下來烹調方法有兩種。

爐台 + 烤箱做法

1 烤箱預熱 150℃／300℉。

2 底部約 10 吋（25 公分）的鑄鐵鍋或燉鍋以中大火加熱，倒入少許油，分批煎肉塊至表面金黃，接著加入洋蔥丁和蒜末炒香，倒入所有柑橘汁、刨絲柑橘皮和奧勒岡葉。汁水應達肉塊側身 3/4 高度，如果不夠就再加點柑橘汁或清水，喜歡辣味也可以丟進 1-2 根乾辣椒。整鍋不加蓋放入烤箱，1.5 小時後取出將肉全部翻面（如果汁水很快烤乾就表示烤箱溫度偏高，可以加點水並調低溫度 10℃／25℉），然後繼續烤 1.5 小時。取出後稍微抓碎（或用叉子挑碎），鍋底醬汁澆淋其上，撒香菜末上桌。

氣炸鍋 + 電鍋做法

抹上油鹽香料的豬肉放入氣炸鍋（無需預熱），以 140℃／290℉加熱 1 小時。取出放入電鍋（連同氣炸鍋底的油水），倒入柑橘汁、柑橘皮、洋蔥丁、蒜末和奧勒岡葉，以慢燉模式加熱約 2 小時（或持續保溫），盛盤後稍微剁碎，淋醬汁撒香菜末。

燉黑豆

Spiced Black Beans

———

我一直覺得墨西哥和其他拉丁美洲菜系非常適合亞洲人的胃口，畢竟有蒜有辣椒又有熱騰騰的米飯，比冷冰冰的三明治和躲不掉的炸薯條親切得多。奇怪的是拉丁口味在華人社會並不特別受歡迎，我發現主要抗拒點在於豆子——華人習慣吃甜味的豆沙豆泥，而拉美口味的豆子則是吃鹹的。辛香鹹口的燉豆子一般用來搭配米飯或玉米餅，不只增添風味和飽足感，豆與穀的組合也是營養學上公認的理想互補搭配，完整涵蓋了促進生長發育必要的九種胺基酸。也就是說，如果能克服對豆類先入為主的搭配習慣，不只能開啟一整個大陸板塊的美食體驗，還有益健康，多麼有意義啊！

材料 ●

- 黑豆罐頭：1 罐（約 15 盎司／約 430 克）
- 植物油：1 茶匙
- 洋蔥：1/4 個，切小丁
- 青辣椒（如墨西哥辣椒〔Jalapeno〕或牛角椒）：2 根，或青椒半個，去籽切小丁
- 大蒜：1 瓣，切碎
- 孜然粉：半茶匙
- 芫荽粉：半茶匙
- 鹽：少許

做法 ●

小鍋倒入 1 小匙油以中大火炒洋蔥至軟，約 3-5 分鐘，接著加入青辣椒、蒜末、孜然粉和芫荽粉炒香，倒入整罐黑豆（連同汁水），煮開轉小火燉 5 分鐘，最後加鹽調味。

青檸香菜飯

Cilantro Rice

僅只一點小小的改變，最尋常的白飯就有了拉丁風味，搭配印度咖哩也絲毫不違和。

材料

- 長種米（如印度香米〔Basmati〕或泰國香米〔Jasmine Rice〕）：2 米杯
- 鹽：1 茶匙
- 橄欖油：1 大匙
- 青檸檬：1 個
- 香菜：1 小把，切碎

做法

生米洗淨瀝乾，放入電鍋內鍋，加入約 2.5 杯的水（米：水 = 1:1.2 至 1.5）、鹽、橄欖油和刨成細絲的青檸皮。按照平日方式烹煮保溫，盛飯前擠入少許青檸汁，用飯勺挑鬆，撒上香菜末。

Cooking is power！
每認識一種食材，
學會一種做法，
端出一道新菜，
都是在自立自強的道路上
更進一步。

MENU

沙嗲雞肉串
Sate Ayam (Chicken Satay)

加多加多
Gado Gado

手磨參巴辣醬
Sambal Terasi

沙嗲雞肉串

Sate Ayam (Chicken Satay)

　　印尼菜一般動輒用到七、八種香料，但奇怪的是大家最愛的沙嗲烤串簡單明瞭，僅需要刷甜醬油（kecap manis）炭烤至焦香，搭配甜辣的花生醬吃，小朋友尤其喜歡。記得在我家老大在雅加達慶祝滿五歲的生日派對上，我大概揮汗烤了一百多串吧！直至今日我們離開印尼已有數年，只要我端出沙嗲烤串，全家一定歡欣鼓舞，邊吃邊回憶起家後方清真寺邊上的烤串攤子和赤道豔陽下慢吞吞懶洋洋的三年時光。

材料

沙嗲串

· 去皮去骨雞腿肉：500 克
· 印尼甜醬油（kecap manis）：半碗
· 竹籤或鐵籤：8-12 根
· 融化奶油：約 3 大匙
· 鹽：少許
· 蒜粉：少許

沙嗲醬（這裡一次做多一點，同時搭配後面的加多加多）

· 植物油：1 茶匙
· 大蒜：3 瓣，切碎
· 紅蔥頭：2 顆，切片
· 辣椒粉：1 茶匙
· 現成花生醬：5 大匙
· 椰漿：200 毫升
· 棕櫚糖或紅糖：1 大匙
· 醬油：1 大匙
· 魚露：1 大匙
· 現成紅咖哩醬：1 大匙
· 青檸汁：1 大匙

♥　如果買不到現成的印尼甜醬油可以自己做：1 碗醬油加 1 碗 8 分滿棕櫚糖或紅糖，與 1 顆八角，煮開調勻，轉小火煮 10-15 分鐘至濃稠即可。

♥　現成紅咖哩醬裡已包含了香茅、南薑、芫荽等多種香料，直接使用省去許多麻煩。

做法 •

沙嗲串

1 雞肉切成小塊，倒入甜醬油醃漬至少 1 小時，至多 1 天。同時竹籤也需要泡水至少半小時以避免燒斷。

2 醃好的雞肉串上竹籤，刷一層奶油（印尼街頭用的是棕櫚油或瑪琪琳），撒薄薄一層鹽和蒜粉。

3 如果用炭爐烤，等煤炭燒成灰白，沒有明顯火焰時開始烤，偶爾翻轉，一面約烤 3-5 分鐘，直到全部金黃焦脆。

4 若在室內可用烤箱的上火（broiler）烹調：雞肉串平鋪於烤盤，放在烤箱最上層距離上火約 5 公分處。如果上火可調溫度就預熱到 200℃／400℉，如果不能調整就表示已預設為最大火力，無需預熱。肉串貼進上火烤 2-3 分鐘（必須就近注意不要燒焦）後取出翻面，再烤 2-3 分鐘即可。

沙嗲醬

小鍋裡燒熱 1 小匙油，炒香大蒜、紅蔥頭和辣椒粉，接著倒入其他所有材料和 2 大匙清水，和勻煮開轉小火，如果太濃就再加 2 匙清水調開，直到濃稠度類似半融化的冰淇淋。嚐嚐味道，根據個人口味增添鹽、糖或青檸汁。

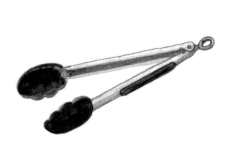

加多加多

Gado Gado

　　這道豐盛的什錦蔬菜與沙嗲（Sate）、黃金雞湯（Soto）、印尼炒飯（Nasi Goreng）和巴東牛肉（Rendang）並列為印尼五大國菜。在我看來，加多加多的風格類似法國南部的尼斯沙拉（Salade Niçoise）和義大利北部的熱水澡沙拉（Bagna Càuda），都是滿滿一大盤各色蔬食搭配特色醬料，清爽均衡又吃得飽。確切選用哪些蔬菜配料，可依個人喜好增減，但加多加多不可或缺的材料有四季豆、水煮蛋、豆腐或天貝（tempeh）。這裡我還用了蒸熟的大塊高麗菜，屬於經典吃法，但也可以改用燙熟的菠菜、番薯葉或龍鬚菜。想要吃得飽一點，還可以加煮熟的馬鈴薯或切成小塊的在來米白粽子（lontong），後者我覺得大可用蘿蔔糕代替。

　　加多加多的醬料與前面的沙嗲烤串非常類似，主要都是以花生加大蒜、辣椒和椰糖調和而成的。如果非常講究的話，兩者肯定有一些細部差異，但由於每家的配方都不太一樣，最後區分不是很明顯，也因此我通常只準備一大份沙嗲醬，同時用來搭配兩道菜。住在印尼時我們家冰箱裡經常有阿姨準備好的加多加多蔬菜，有時我吃膩了偏甜的花生醬，會趁阿姨不在的時候偷偷調一個搭配擔擔麵用的香辣麻醬，把加多加多做成四川口味，孩子們笑稱為 Dan Gado Dan Gado。

材料

- 油豆腐：8 塊，或印尼天貝切 8 片
- 四季豆：1 把
- 綠豆芽：1 把
- 高麗菜：像蛋糕一樣切幾個三角厚片
- 小黃瓜：1-2 條
- 大紅番茄：1 個，或小番茄 1 把
- 白煮蛋：2 或 4 個
- 香菜：少許
- 油蔥酥：少許
- 沙嗲醬（見 67 頁）

做法

1. 油豆腐用鹽水燙一下，放涼擠乾水份切厚片。或者用老豆腐或印尼天貝，切厚片油煎至兩面金黃。

2. 四季豆掐頭摘粗莖纖維，煮大約 2 分鐘直到顏色更鮮明，熟而不軟爛，瀝乾撒薄鹽。

3. 豆芽燙 30 秒，高麗菜蒸 5 分鐘。

4. 小黃瓜、番茄和白煮蛋分別切成適口大小。

5. 所有材料排放於大盤中，撒香菜末和油蔥酥，搭配花生沙嗲醬食用。

手磨參巴辣醬

Sambal Terasi

記得剛到印尼的時候，我去花市買了幾盆植物妝點新居，其中有一棵小小的辣椒樹，養了幾個月結滿了小辣椒，是那種辣度勁爆，印尼人稱之為 cabai rawit 的品種。一天早上起來青色的辣椒全轉紅了，陽光灑在上面甚是好看。那天中午在我家幫忙的哈妮妹子問可否摘辣椒做菜，我說當然好呀！不久後午飯端上桌，配了一碗手磨參巴辣醬（Sambal，發音近似「三寶」），辣出一個新境界。我邊灌冰水邊望向陽台，天啊，一整棵原本結實纍纍的辣椒樹完全空了！那棵樹後來再也沒開花結果過。

要知道印尼人極其重視他們的手磨參巴辣醬，每個地區都有特色做法，有的生磨有的要炒炸，有的加蝦醬有的用椰絲，辣椒品種可大可小可紅可綠，但傳統上都離不開他們特有的 cobek 石磨（發音 chobek）。印尼石磨跟其他地方的杵臼不一樣，它的臼是淺身的，杵是牛角狀彎弧的，使用時不能上下搗，必須前後左右推碾，頗花耐心和時間。講究的人說用它碾磨出來的質地就是不一樣：纖維較細薄，口味更融合。如果你有機會去印尼旅遊，很建議抱一個 cobek 回家試試，但若沒有它也不要緊，用普通的果汁機或食物調理機也一樣可以做參巴辣醬。

以下這個參巴辣醬是在首都雅加達最常見的版本，只不過有些人先炒過料再磨，有些人先磨細了料再炒，兩種方法都可以。印尼辣醬裡除了辣椒以外，最重要的食材是小紅蔥，份量不可少。Terasi 是印尼式的蝦醬，通常像肥皂一樣方方正正的包在紙裡，使用時剝一、兩塊豌豆大小下來，在乾鍋裡烘一下再入菜，氣味非常濃郁，出了印尼恐怕不是所有的人都能接受。由於我目前買不到正宗 Terasi，嘗試了以義大利鹽漬鯷魚加泰式魚露代替，鹹鮮臭香並濟，效果不錯。此外番茄、棕櫚糖、香茅和檸檬葉各自提供了微妙的芬芳，有了它們就感覺置身南洋了。

材料

- 微辣大紅辣椒：6 根
- 中辣青辣椒：3-4 根
- 特辣小辣椒或乾辣椒：2-4 根
- 小紅蔥（shallots）：亞洲品種 5-6 顆，歐洲品種 2-3 顆
- 大蒜：3-4 瓣
- 植物油：3 大匙
- 大紅番茄：1 個，切塊
- 罐頭鯷魚（anchovy）：4 片
- 魚露：2 茶匙
- 棕櫚糖或紅糖：2 茶匙
- 香茅：1 小節
- 檸檬葉（kaffir lime leaves）：2 片

做法

1. 辣椒切段去籽，紅蔥對半切，大蒜拍鬆，入鍋加少許油以中火炒 2-3 分鐘，直到香味濃郁，蔥蒜微微上色。加入番茄塊炒至軟爛出水，續加鯷魚片、魚露、糖、香茅和檸檬葉炒 2-3 分鐘，用鍋鏟炒散鯷魚，直到融化看不見。

2. 如用果汁機或食物調理機，先取出香茅和檸檬葉，其餘倒入機器攪拌不超過 10 秒（可以用 pulse 鍵一點一點分次按壓），直到均勻打碎但仍保留一些粗顆粒即可。

   如用印尼石臼，一開始先倒入一半，前後左右碾磨至均勻再倒入另一半繼續。香茅和檸檬葉稍微搗一下就好，不需碾細。

3. 如果喜歡乾一點，油亮一點，磨好了還可以再回鍋炒一下，讓多餘水分揮發。吃不完的必須冷藏保存。

MENU

龍蒿芥末奶油汁燉蘑菇雞
Sautéed Chicken and Mushrooms with Tarragon Mustard Cream Sauce

杏仁片炒四季豆
Sautéed Green Beans Almondine

奶油炊飯
Buttered Rice Pilaf

龍蒿芥末奶油汁燉蘑菇雞

Sautéed Chicken and Mushrooms with Tarragon Mustard Cream Sauce

    龍蒿是一種細嫩的香草，主要用於法式料理，很少出現在其他菜系。所有的烹飪書都形容它和茴香與八角一樣具有類似 licorice 的氣息，也就是中藥裡常用來止苦的甘草。其實這幾種香料的氣味都自成一格，會一併歸納為「甘草味」主要因為它們都帶有一股深邃甜香，而我個人覺得其中又以龍蒿的甜香最顯著。它與法式芥末醬和鮮奶油是經典搭配，再加上小紅蔥、蘑菇、雞高湯和煎雞排溢出的金黃油脂，會產生一股奇妙的醇厚氣息，雖組合簡單也不辛辣，香濃度卻恐怕不亞於紅酒燉牛肉或甚至咖哩。 有一回我燉煮的時候孩子從二樓跑下來問是什麼東西那麼香，上桌後他們把碗底的醬汁全部舔乾淨，一滴不剩，還央求我隔天再做一次呢！

材料

· 帶皮去骨雞腿排：800-1000 克（約 3-4 隻雞腿）
· 植物油：1 大匙
· 鹽：適量
· 黑胡椒：少許
· 小紅蔥（shallots）：1-2 顆，切細絲
· 蘑菇：1 大把，洗淨瀝乾切厚片
· 新鮮龍蒿：2-3 株，或乾龍蒿 1 大匙
· 白葡萄酒：1 大匙，或檸檬汁 1 茶匙
· 雞高湯：約 300 毫升
· 鮮奶油：約 100 毫升
· 法式芥末醬：1 大匙

做法

1　烤箱預熱 180℃／350 ℉。

2　雞腿排擦乾，每片分切成 2-4 塊，均勻撒上薄薄一層鹽和少許黑胡椒。如果自行由整隻雞腿去骨，切下來的骨頭加清水蓋過，煮半小時，熬出來的清湯正好足夠做接下來的奶油醬。

3　平底鍋以中大火加熱，淋 1 大匙油，雞排皮面朝下放入，用鍋鏟微微按壓以確保均勻受熱。煎大約 2 分鐘直到皮面金黃焦脆，翻面再煎 1 分鐘起鍋備用（不用全熟）。

4　用鍋底的油炒香小紅蔥，轉大火倒入切片的蘑菇和龍蒿，撒 1 大撮鹽爆炒出水，淋白葡萄酒或檸檬汁（兩者的酸性都可以提味解膩，但前者更香），接著倒入雞高湯、鮮奶油和法式芥末醬拌勻煮開轉小火，嚐嚐味道調整鹹度。

5 如果鍋子可以直接入烤箱，這時將煎過的雞排回鍋
（包括靜置期間釋出的雞汁），皮面朝上，醬汁不要
蓋過雞排，整鍋移入烤箱 10 分鐘。如果鍋柄不能受
熱，則把奶油蘑菇醬汁倒入烤盤，雞排平鋪於上，放
入烤箱 10 分鐘，使雞排焦脆熟透，奶醬收汁入味。

杏仁片炒四季豆

Sautéed Green Beans Almondine

這是一道很家常的法式蔬食配菜，四季百搭，冷天熱騰騰地上桌搭配燉肉，夏日常溫帶出門搭配奶酪和醃肉野餐，甚至上中式餐桌也不違和。

材料

- 四季豆：1 大把 （如果能買到法國品種細身的 haricot vert 最好）
- 鹽：適量
- 橄欖油：1 大匙
- 大蒜：2-3 瓣，切碎
- 杏仁片：1 大匙
- 黑胡椒：少許
- 檸檬汁：少許

做法

1 四季豆洗淨，如果不是細嫩的法國品種，必須掐頭摘除粗硬纖維，每根斜切成兩段。法國品種保留頭尾。

2 一鍋水煮滾撒把鹽，放入四季豆煮 2-3 分鐘，直到色澤明顯變得更鮮亮翠綠，入口熟透但質地仍清脆為止。起鍋沖冷水，瀝乾備用。

3 熱鍋以橄欖油炒香蒜末和杏仁片，接著倒入煮好的四季豆拌炒，撒鹽（四季豆很吃鹽，量不可少）、黑胡椒，淋幾滴檸檬汁。

奶油炊飯

Buttered Rice Pilaf

世界各地都有人吃米飯，但隨著米種和文化的不同，烹煮和調味方式也呈現些微差異。過去我很堅持西式米飯一定在爐台上炒過再煮，但後來發現，其實用電飯鍋可以非常輕鬆地做出鬆軟又香噴噴的各色米飯料理，為掌廚之人省了力氣和爐台空間，何樂而不為？

材料

- 長種米（如印度香米〔Basmati〕或泰國香米〔Jasmine Rice〕）：2 米杯
- 鹽：1 茶匙
- 無鹽奶油：2 大匙或 25 克
- 檸檬：1/4 個
- 新鮮歐芹（parsley）：1 小把，切碎

做法

生米洗淨瀝乾，放入電鍋內鍋，加入約 2.5 杯的水（米：水 = 1:1.2 至 1.5）、鹽和奶油，按照平日方式烹煮保溫。盛飯前擠入少許檸檬汁，用飯勺挑鬆，表面撒上歐芹，也可以另外撒一些烤香或炒香的核果（如松子、杏仁片、開心果）。

♥ 長種米（也就是秈米或在來米）烹煮時需要的水量比粳米多，煮出來質地蓬鬆，份量看起來也會比較多。我們一家四口目前吃粳米需要煮 3 米杯，但如果煮長種米只要 2 米杯就夠了。

MENU

川味椒麻雞
Poached Chicken with Scallion and Sichuan Pepper Sauce

麻婆豆腐
Mapo Tofu

乾煸四季豆
Dry-fried Green Beans

川味椒麻雞

Poached Chicken with Scallion and Sichuan Pepper Sauce

　　這道椒麻雞與台灣常見的泰式椒麻雞完全不一樣，隸屬川菜傳統二十四味型之「椒麻味」，清香鹹鮮翠綠，麻而不辣，非常有特色。我曾多次宴客端出這道菜，廣受好評，而其中懂吃又諳烹調的著名樂評人馬世芳還特別討了做法，甚至以「作家私房菜」的名義在台北紀州庵發表過呢！ 我認為清香翠綠的椒麻醬料適合搭配各種淡雅潔白的食材，如竹筍、杏鮑菇、鮮貝、螺片……，只要燙熟切片淋醬就好，冷熱皆宜。在此記錄傳統做法，希望更多人認識這道不一樣的椒麻雞。

材料

· 大雞腿：1 隻
· 生薑：2 片
· 料酒：1 大匙
· 鹽：半茶匙
· 青蔥：1 把
· 花椒：1 小匙
· 菜籽油：1 大匙
· 花椒油：少許
· 麻油：幾滴

做法

1 一小鍋清水加入雞腿煮滾，轉小火，撇撈浮沫。加入薑片、料酒和鹽，加蓋續煮 10 分鐘，熄火再燜 10 分鐘。

2 燜肉的同時準備椒麻醬：青蔥先大致切碎（蔥白比例不要太高），接著在碎蔥裡加入花椒和少許鹽，來回輾剁至細，盛入碗中。燒熱 1 匙植物油（最理想是傳統壓榨菜籽油，求其次我用玄米油），倒入碗中熗香，接著淋1-2 勺煮雞腿的熱湯，調勻備用。如果手邊的花椒不新鮮，建議再加幾滴花椒油。

3 燜熟的雞腿自然放涼，或浸入冰水幾分鐘，取出擦乾。肉面朝上皮面貼砧板，沿 L 型腿骨將肉劃開，刀尖貼著骨頭兩邊刮幾刀，然後用手指將骨頭剔除。中途如果有小塊的肉剔落，不用擔心，放回去整理為原狀就好。注意雞腿熱的時候去骨和切片都容易散，所以務必要放涼。

4 去骨的雞腿翻過來皮面朝上，雞皮抹少許鹽和麻油，接著一手箍緊皮肉以免鬆散，一手使刀將雞腿切成約 1 公分厚片，盛盤淋上椒麻醬。最後我喜歡多淋幾勺雞湯，讓湯水從椒麻醬上方自然流淌下來，為盤底帶來一抹淡淡的青綠，特別宜人。

♥ 現在很多超市買得到帶皮去骨的雞腿排，使用起來非常方便，只要抹鹽和麻油，墊 2 片薑，淋 1 匙料酒，大火蒸 8-10 分鐘就可以了。盤底蒸出來的雞汁非常鮮美，正好用來調醬。但我個人還是偏好用整隻雞腿煮熟去骨，這樣做出來的成品肉質更鮮嫩，型態也更完整。

♥ 由於椒麻醬是青綠色的，懂行的人可能疑問是不是搭配青花椒更合適。我認為如果手邊有品質好的青花椒當然可以試試，但傳統上椒麻醬用的是味道更穩重一些的紅花椒。

♥ 一般市面上常見的所謂「嫩豆腐」是以葡萄糖內酯凝固的，質地吹彈可破，用來做麻婆豆腐口感佳，但要保持完整比較挑戰技術。其實傳統上做麻婆豆腐選用的是石膏板豆腐裡面水分含量偏高的種類，軟嫩度介於老豆腐和嫩豆腐之間。比如盒裝豆腐一般分為：老豆腐（Firm Tofu）、滑豆腐（Soft Tofu）、涓豆腐（Silken Tofu），後兩者都適合用於麻婆豆腐。怕破碎可以選擇滑豆腐，追求極致口感就用涓豆腐。台灣市售盒裝豆腐的分類比較複雜，不同品牌各有細分名稱，但原則不變，主要在「耐煮不易破碎」和「滑嫩」之間權衡選擇。

♥ 正宗郫縣豆瓣含整粒蠶豆，使用前必須先剁碎。如果改用一般黃豆製的辣豆瓣則可直接使用。

♥ 花椒粉做法：一把花椒入乾鍋小火慢慢炒香，起鍋稍微放涼後用杵臼搗碎或用擀麵杖碾碎，過細篩備用。

麻婆豆腐

Mapo Tofu

　　這可能是我家飯桌出現頻率最高的一道菜，百吃不膩。很多人問：「連你家孩子也吃這麼辣嗎？」答案是沒錯，他們不但能吃而且非常愛，甚至可以說吃辣的能力就是從麻婆豆腐練起來的。再說其實麻婆豆腐吃起來沒看起來那麼辣，畢竟主調料是郫縣豆瓣，其鹹香和紅豔遠超過辛辣。四川人講究麻婆豆腐必須「麻、辣、鮮、香、酥、嫩、燙、捆」，其中「酥」字講的是紹子，必須用帶肥的牛肉炒到香酥出油，使肉末微焦帶勁的口感與滑嫩的豆腐成對比。「捆」字意思是完整，指豆腐必須嫩而不碎，很講究功力。這道菜因為太出名，流傳久遠已衍生出許多外地版本，比如日式和台灣坊間一般的麻婆豆腐通常炒豬肉末，調味小辣，不麻，起鍋撒蔥花而不是四川人用的青蒜，味道也不錯，但跟正宗的川味麻婆豆腐比起來，我覺得風味還是差了一截。

材料 🄐

- 豆腐：1 塊
- 植物油：2 大匙
- 帶肥牛絞肉：約 50 克
- 蒜末：1 大匙
- 豆豉：1 小匙，剁碎
- 郫縣豆瓣：2 大匙
- 粗粒辣椒粉：1 大匙（怕辣可省略）
- 清湯或清水：1 碗
- 青蒜：1 株，切小段
- 芡粉（番薯粉、玉米粉、太白粉皆可）：2 茶匙，加少許清水調開
- 花椒粉：1 茶匙

做法 🄑

1. 豆腐切約 2.5 公分見方，放入大碗中撒少許鹽，倒入滾水蓋過，靜置片刻後瀝乾備用。

2. 炒鍋以中火加熱，加 1 大匙油下牛肉末，耐心翻炒至酥香微焦，接著下蒜末、豆豉、郫縣豆瓣、辣椒粉炒香，倒入清湯或清水煮開，然後下豆腐（湯水必須蓋到豆腐 80-90％），煮開轉小火。為避免豆腐破碎，鍋鏟不宜翻炒，只能前後緩緩推動。嚐嚐味道，不夠鹹就加少許醬油，接著撒入青蒜。

3. 最後勾芡的部分必須分 3 回下芡，以避免芡汁被豆腐吐出的水沖淡，裹不住豆腐就不能「巴味」。每下一回芡就來回推幾下鍋鏟，煮滾轉濃了稍等一下再加，直到「汁濃亮油」。起鍋盛盤撒上花椒粉即可（花椒如果不新鮮，建議淋幾滴花椒油）。

乾煸四季豆

Dry-fried Green Beans

　　這是一道名振四海的川菜，一般連不太愛吃綠色蔬菜的小朋友都能接受，主要因為四季豆煸得焦脆，配料渣渣也酥香，我兒子通常是會把盤底和鍋鏟都舔乾淨。一般餐館裡製作這道菜都是用油炸的，但小家庭油炸不方便，我因而偏好先用氣炸鍋「煸乾」再入鍋快炒。如果沒有氣炸鍋，就回歸乾煸的原始真意──以少許油入鍋用中火慢慢煸炒至微焦發皺，約需八、九分鐘。傳統川菜做法上，炒這道菜必須加宜賓芽菜，目的是提鮮。如果手邊沒有芽菜的話，用其他剁碎的鹹鮮醃漬物如冬菜、榨菜、豆豉等等代替也不成問題，甚至不加肉末直接素炒也很夠味。

材料 ●

- 四季豆：1 大把
- 油：1 大匙
- 鹽：適量
- 帶肥豬絞肉：約 50 克
- 乾辣椒：2-3 根，切段
- 蔥末：1 大匙
- 蒜末：1 大匙
- 宜賓芽菜：1 大匙
- 花椒：幾粒
- 醬油：1 大匙
- 糖：少許

做法 ●

1　四季豆招頭摘粗硬纖維，洗淨瀝乾加少許油和鹽拌勻，倒入氣炸鍋用 190℃／380 °F烹調約 12 分鐘，或入炒鍋用中火慢慢煸炒約 8-9 分鐘，直到微焦發皺即起鍋備用。

2　炒鍋加剩油炒豬絞肉，變色後加入蔥、蒜、芽菜、花椒、辣椒炒香，接著加醬油和糖炒至金黃焦脆。倒入煸乾的四季豆炒勻，嚐嚐味道調整鹽度，拌勻即可盛盤。

MENU

花椒油封鴨
Duck Confit with Sichuan Peppercorns

皮蛋豆腐
Century Egg and Silken Tofu

紅棗鑲糯米
Steamed Dates and Sticky Rice with Osmanthus Syrup

花椒油封鴨

Duck Confit with Sichuan Peppercorns

上回為年夜飯採買時看到了漂亮的鴨腿，心想好久沒做法式油封鴨了，非常心動，但農曆年不管怎麼說還是該吃中式口味才對啊！我當下靈機一動，不如就用法式手法烹調，中式調味吧！話說油封（confit）是法國傳統保存食物的一種方式，透過長時間將食材泡在油脂裡低溫烹調達到絕氧絕菌，在沒有冷藏設備的年代裡得以室溫存放數月。現代廚房裡油封的目的早已不是久存，而是因為它能使食材達到極致酥軟入味，可說是真空低溫烹調（sous-vide）的先驅。別以為浸在油裡一定很油膩，其實脂肪肥厚的食材在經過長時間小火加熱後，皮脂已盡數融化，最後只剩下薄薄一層皮，在平底乾鍋裡簡單煎一下就很酥脆，沒有一絲一毫多餘的油脂，焦爽而不乾柴，而且因為香料分子溶於油而不溶於水，油封過的肉品比湯水慢燉出來的更入味！

傳統油封鴨腿必須浸泡在鴨油裡，算是舊時代節約惜物的一種表現，但現代小家庭要累積一鍋能蓋過四隻鴨腿的肥油何其容易！老實說目前就連大部分餐館都已經改用橄欖油或普通植物油了。這裡因為做的是花椒口味，我選用四川傳統有芥末與核果濃香的壓榨式菜籽油，但也可以改用任何一種味道清香又不太傷荷包的植物油（畢竟用量非常大）。調味上可以捨棄花椒改用任何香料組合，如八角、肉桂、豆蔻，或芫荽、孜然等等，既然脫離了正宗法式套路就無需拘泥。這道菜雖然很花時間，但真正需要動手的部分非常少，一旦丟進烤箱就可以不理它，屬於那種特別適合拿出來説嘴，但其實並不累人的「功夫菜」。

材料

- 鴨腿：4 隻
- 鹽：適量
- 花椒粉：1 茶匙
- 料酒：1 大匙
- 整粒花椒：2 大匙
- 乾辣椒：1 小把

- 薑：4-5 片
- 蒜頭：1 整顆
- 蔥：2-3 根，切段
- 橙皮：約 1 顆削下的份量（盡量削薄一點，不要保留太多白色的部分）
- 菜籽油：500-1000 毫升

做法

1　鴨腿洗淨擦乾，正反表面都均勻撒上薄薄而細密的一層鹽，接著再撒花椒粉和料酒，放在冰箱裡敞開醃漬至少 24 小時，至多 3 天。

2　烤箱預熱 *120℃／250℉。

3　醃好的鴨腿平放入烤盤或鐵鍋裡，最好是剛剛好能擺得下的大小，容器越大越費油。表面撒上整粒花椒、乾辣椒、薑片、蒜瓣、蔥段和橙皮，倒入菜籽油直到剛好蓋過鴨腿（有一點腿露出來沒有關係，烤了以後肉會縮，也會釋出鴨油）。放入烤箱慢烤約 3 小時，直到鴨下腿的皮往上縮，骨頭露出來就好了。

4　油封好的鴨腿可以繼續泡在油裡，也可以馬上用。最後步驟是把表皮煎焦脆：取一平底鍋以中火加熱，不需用油，直接放入鴨腿，皮面朝下，可以用鍋鏟按壓一下擴大接觸面，大約煎2-3 分鐘直到金黃焦脆，翻面再煎 2-3 分鐘即可。如果鴨腿數量比較多，不方便一一用平底鍋煎，也可以全部平放於烤盤，貼近烤箱上火（broiler）約 3 公分距離，以最大火力烤約 1 分鐘（必須全程就近注意避免燒焦），取出翻面再烤 1 分鐘即可。

5　剩下的油建議拿來做蔥油餅和煎馬鈴薯。

♥　如果在爐火上進行油封，必須用溫度計確保油溫維持在 90℃／200℉上下。烤箱的溫度必須調得稍微高一點，否則油溫上不去，我試過用 200℉烤油封鴨，烤了 6 個多小時才好，完全沒有這個必要。

皮蛋豆腐

Century Egg and Silken Tofu

皮蛋在西方世界裡鮮為人知，受到許多誤解，幾年前還曾被 CNN 網站評為「全世界最噁心的食物」。為此我總有一種道義責任感，在邀請不了解中華文化的西方朋友來家裡吃飯時，常刻意準備一道皮蛋豆腐。我告訴客人，皮蛋是祖師級的分子美食，透過

石灰泥、草木灰、米糠等天然鹼性物質和食鹽的覆蓋封存，改變雞鴨蛋質性，使蛋黃格外綿密，蛋白呈透明果凍狀。又因為封存期間蛋白質分解，產生更豐富的風味物質，比一般雞蛋更鮮美，歡迎大家品嚐！

這麼介紹完從來沒有人不願意嘗試，有一回一位太太還打包了我櫥櫃裡剩下的兩顆皮蛋回家呢！

皮蛋豆腐的調味有一些地域性流變。小孩子一般喜歡台式吃法：淋醬油膏，還可以撒一點肉鬆或柴魚片。這裡介紹中式的醬醋紅油調味，感覺更爽口一些，尤其加了榨菜可以提鮮且更有口感層次。至於擺盤，當然可以像傳統那樣將切碎的皮蛋和蔥花、香菜鋪在豆腐上，或是將切了片的皮蛋如花團錦簇般圍繞於豆腐周邊。但我經歷幾次三番調整，發現像照片裡這樣三色排放於圓盤中特別乾淨俐落，從此就更愛做皮蛋豆腐了！

材料

- 嫩豆腐：1 盒
- 醬油：3 大匙
- 醋：1 大匙
- 砂糖：半茶匙
- 麻油：1 茶匙
- 紅油（見 217 頁）：1 大匙
- 皮蛋：1 顆
- 榨菜：大匙，切碎
- 蔥：1 根，切細
- 香菜：1 小把，切碎

做法

1　首先調涼拌汁：碗裡放入醬油、醋、砂糖、攪拌均勻使砂糖溶化後加入麻油和紅油備用。

2　盒裝豆腐剝除表面塑膠膜，倒放在盤子或砧板上，盒底削剪掉一個尖角使豆腐脫模，瀝掉多餘水分。豆腐如果非常大塊或是邊角不平整，可以修除掉一部分另作他用，接著約每 0.5 公分垂直下刀，切好用刀背小心抬起放入盤中，順勢傾斜。

3　皮蛋剝殼，沖洗拭乾，依個人喜好切碎或切片，移入盤中豆腐邊上。

4　榨菜末鋪在豆腐上，另一邊堆放蔥花香菜末，澆淋涼拌汁，上桌拌勻食用。

紅棗鑲糯米

Steamed Dates and Sticky Rice with Osmanthus Syrup

因為烤鴨適合年節，這裡就搭配一道特別喜慶的小點：紅棗鑲糯米，又名心太軟。一顆顆玲瓏的紅棗裹著胖嘟嘟的糯米糰，蒸熟了香甜軟糯，淋上桂花糖水晶瑩透亮，清香撲鼻，花朵如金箔一般閃耀，富貴團圓甜蜜的好兆頭都足了，我每回年夜飯都會準備一碟。

材料

- 紅棗：1 大把
- 糯米粉：100 克
- 清水：70 毫升
- 砂糖：2 大匙
- 乾桂花：1 大匙

做法

1　紅棗沖洗乾淨，泡熱水 1 小時，瀝乾，用小刀縱向劃 1 刀，雙手扳開掐出棗核。

2　糯米粉直接倒入清水拌勻，可以捏成糰即可。太濕就加點糯米粉，太乾就加點水。

3　取毛豆大小的糯米糰搓成橄欖球狀，一一塞進紅棗裡。塞好的紅棗平鋪於盤中（可以事先預備到這個步驟包好冷藏），敞開蒸 20 分鐘。大部分的水蒸氣會被糯米糰吸收，但如果蒸好了盤中有積水請瀝乾。

4　蒸紅棗糯米的同時煮糖漿：取小鍋，倒入 1 大匙砂糖和約半碗清水煮開。糖全部融化後繼續滾煮 2 分鐘，關火倒入乾桂花，加蓋燜一下。

5　蒸好的紅棗糯米均勻淋上桂花糖水。

♥　紅棗發泡時間不宜過長，泡太軟了反而不容易取核。取核的過程中少數紅棗碎裂難免，只要不是破得特別嚴重，最後塞了糯米都可沾黏起來，但還是最好一開始就多泡幾顆。

MENU

椒香牛肉大餅
Layered Flat Bread Stuffed with Spicy Minced Beef

老虎菜
Tiger Salad

番茄蛋花湯
Tomato Egg Drop Soup

椒香牛肉大餅

Layered Flat Bread Stuffed with Spicy Minced Beef

　　多年前我去北京配合新書宣傳，有幸被《舌尖上的中國》導演陳曉卿帶到詩人小寬家作客，品嚐他蘭州籍岳母做的道地西北麵食。記得當天阿姨煮了鍋清燉牛膝湯，拌了幾個涼菜，我到達的時候她正準備開始和麵，要做她家鄉特有的油壺旋烙餅。我看阿姨提起一壺剛煮開的滾水往麵盆裡倒，另一手用筷子攪和，直到神奇的第六感告訴她水分足夠了，注水嘎然而止。我問阿姨接下來需要醒麵多久？她說只要手不怕燙馬上就可以揉，說著就揉將起來，然後三兩下擀成薄薄的大麵皮，絲毫不沾黏，也不在乎是否工整方正。接著抹油、撒鹽和甘肅、青海一帶常用的苦豆粉香料（fenugreek），捲起、切段、

擀餅、油煎……動作如行雲流水，從和麵到上桌大概不到二十分鐘，好吃得不得了。

那回的經驗給了我很大的震撼與啟示。以往做麵食我總是看食譜——多少麵粉配多少熱水多少冷水、醒好的麵糰擀多寬多長、加多少克的油酥和肉餡……。這樣做出來成功率近百分百沒錯，但少了幾分流暢和自在，而且食譜若不在手邊就有點伸展不出來。蘭州阿姨的做法跟世界各地慣常揉麵的煮婦煮夫一樣，講究的是手感而不是精確，求好吃而非規格一致。至於那個馬上就能擀開不黏手的燙麵糰，它肯定不是最柔軟最有延展性的，但我覺得已經有九十分了，再加上那麼省時省事，實在值得學習推廣。

後來回家我做了很多次實驗。為了鍛鍊精準的手感，我先反其道而行，像歐洲麵包師傅那樣精確測量麵糰含水量，從百分之六十五開始（每一百克麵粉加入六十五毫升滾水）逐步增加到百分之八十。水分越多，做出來的餅越柔軟，但揉麵時黏手的機率也越高，相對需要更長的時間醒麵和撒更多乾粉。幾番截長補短，我發現含水百分之七十的燙麵糰正巧不多不少，可以像蘭州阿姨那樣馬上操作。我一般估計一個人吃一百克麵粉，也就是說四個人的大餅用四百克麵粉配二百八十毫升滾水。這樣計算的好處是從此不用依賴食譜，而且可以輕鬆調整人數份量。反覆揉同一個濕度的麵糰幾十次上百次，自然能鍛鍊出手感，有朝一日不測量也能達到同樣效果。

有了這個速成麵糰，我在家揉麵擀餅的頻率大增。冰箱沒菜，烙個餅吧！朋友臨時路過說要來坐坐，烙個餅吧！揉麵時如果再哼個郎啊妹啊的花兒調，自覺就差不多是半個西北婦女了。

這麵糰不只速成還萬用，可以做薄的蔥油餅、厚的蔥油餅、餡餅、鍋盔、韭菜盒子……，就像風靡一時的歐包免揉麵糰一樣，造型千變萬化。這裡示範的花式螺旋造型，我是從《孟老師的麵食小點》一書裡學來的。孟昭慶老師的兩本中式麵食食譜是我心目中地位崇高的寶典，永遠擺在隨手搆得到的書架上。當我時間夠多想做出無懈可擊的點心時，參考她的配方絕對錯不了。但如果時間緊迫，我會用我的速成麵糰搭配孟老師示範的一些花式造型，很輕鬆就可以做出「看起來很厲害」的中式麵餅。

至於餡料，我也鼓勵大家自由發揮。沒有人規定大餅必須包豬肉還是牛肉，撒蔥花還是韭菜，加孜然還是五香。有時我餡料裡還喜歡加點豆瓣、醪糟（即酒釀）或豆腐乳，口味近似成都著名的牛肉焦餅，一次擀一大張，油煎好了切片分食，比製作多個小巧的焦餅輕鬆許多。

麵食的世界花樣百出，我們以不變應萬變，更自在逍遙。

材料 ●

- 牛絞肉：200 克（最好含 20% 以上肥肉）
- 植物油：1 大匙
- 薑末：1 茶匙
- 蒜末：1 茶匙
- 鹽：1/4 茶匙
- 花椒粉：1 茶匙
- 辣椒粉：1 茶匙
- 醬油：2 大匙
- 中筋麵粉：400 克
- 蔥花：約 2 根蔥的份量

♥ 如果家裡的平底鍋直徑偏小，可以把同樣份量的麵糰分切成 3 或 4 等份，依同樣的步驟擀成小一點的麵餅。

做法 ●

1 炒鍋加 1 大匙油，中大火炒香薑蒜末，接著倒入牛絞肉炒散，加鹽、花椒粉、辣椒粉，變色後加醬油炒勻，收乾水分，起鍋放涼（油不要瀝掉）。

2 麵粉放入碗盆，繞圈圈慢慢倒入 280 毫升的滾水，邊倒水邊攪拌，接著揉成光滑的麵糰（如果怕燙就等 2 分鐘），分切成 2 等份，整成圓形。

3 檯面抹少許油，取一塊麵糰壓平，擀成約長 45 公分，寬 25 公分的長方形 *，用刮刀在麵糰靠近自己這方 1/3 部分切出一排約 0.5 公分寬的長條。

4 將一半的肉餡鋪上麵皮沒有切條的部分，均勻撒上蔥花，接著由上往下捲成長條，盡量擠出空氣，然後盤成螺旋狀，尾端捏扁塞入底部，靜置檯面上鬆弛備用。

5 依照同樣步驟準備好下一張餅，接著回頭把前一個餅胚擀開，直到約直徑 25 公分，厚度 0.5 公分。

6 平底鍋以中小火加熱，倒入 1 大匙油，放入麵餅小火慢煎約 3-5 分鐘，直到底部定型即翻面，煎至兩面金黃。

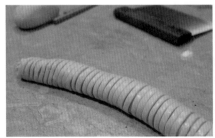

老虎菜

Tiger Salad

　　這是北方菜裡非常基本的一道涼菜，其中不可或缺的材料只有三樣：青蔥、香菜、辣椒，以醬醋麻油涼拌，全是家家戶戶常備的配料，只不過這裡搖身變成了主角。取名老虎菜，或許因為平日的配角終於不需狐假虎威，可以霸氣登場了。也有種說法是人們吃這道菜的時候因為辛味撲鼻，齜牙咧嘴的模樣很像老虎。總之它唾手可得卻滋味不凡，而且組合上非常有彈性，可以隨性加一把腐皮、豆乾、黃瓜絲、花生米……，搭配起來脆軟相間，格外爽口。做大份量的時候我喜歡再加點生菜苗，比如口感辛辣的芝麻葉或是西洋菜、雞毛菜、小豆苗……，如此蓬鬆清爽，是很有特色的中式生菜沙拉，搭配麵食或燒烤都極佳。

材料

- 青蔥：2 根
- 香菜：1 把
- 紅辣椒或青辣椒：2 條
- 小黃瓜：1 條
- 豆乾：2 片
- 醬油：1 大匙
- 醋：1 大匙
- 糖：1 茶匙
- 麻油：1 茶匙
- 芝麻葉：1 把
- 鹽：少許
- 花生米：1 大匙

做法

1 蔥斜切細絲：刀鋒約與蔥呈 20 度，蔥白的部分可以每切完一刀滾 90 度再切，這樣可以非常快速地切大把蔥絲，入口也沒有明顯纖維感。

2 香菜切粗段、辣椒去籽切絲、小黃瓜切絲、豆乾橫劈四片後切絲。

3 調涼拌汁：小碗裡加入醬油、醋、糖和麻油拌勻。

4 所有切好絲的材料和芝麻葉一起放入大碗中，倒入涼拌汁抓勻，嚐嚐味道，不夠鹹就適量加點鹽，盛盤後撒上花生米即可。

♥ 做北方涼菜，我喜歡用山西老陳醋，或者台灣工研烏醋和四川保寧醋也不錯，鎮江醋則不太合適。

♥ 花生可以買現成炒過的，不然我覺得「炸」花生米最方便的做法是用氣炸鍋：洗淨瀝乾後撒鹽和花椒粉或五香粉，平鋪倒入氣炸鍋，用 180℃／350 ℉烤約 6 分鐘 （中途打開來檢查一下），取出放涼即可。

番茄蛋花湯

Tomato Egg Drop Soup

　　番茄蛋花湯會如此歷久彌新不是沒有道理的。它材料便宜，美味營養，兩三下就可以變出一鍋，最適合手忙腳亂的煮夫煮婦。要燒出一鍋鮮味濃、色澤紅豔、蛋花細嫩的湯，只有幾個小重點需要注意，且讓我一一道來。

材料

- 大紅番茄：2 顆
- 雞蛋：2 顆
- 高湯：約 1200 毫升
- 鹽：1 茶匙
- 白胡椒：少許
- 麻油：1 茶匙
- 蔥花：1 大匙

做法

1　番茄切塊，雞蛋打散，青蔥切末。

2　湯鍋裡倒入 1 匙油，以中火加熱倒入番茄塊，撒少許鹽，拌炒至番茄軟塌出水，皮開始發皺脫落的程度時倒入高湯煮開，嚐嚐味道調整鹹度。

3　趁湯水滾沸的時候倒入蛋液，用湯勺輕輕旋轉划開蛋花，立刻關火。撒白胡椒、麻油和蔥花。

我拍照不懂得打光，完成書裡的圖像只能趁北美畫長的夏日捕捉一家人晚餐實景。上了桌，孩子在一旁喊餓，我每回大約有最多三分鐘的時間完成拍攝。有時等先生下班回來，菜餚熱騰騰地上桌，夕陽卻已西下，拍出來的照片不理想，只能重來。好在每回都是真的開飯，餵飽家人也就無怨無悔了。

MENU

沙茶蘿蔔牛肉煲
Beef and Daikon Casserole with Taiwanese Satay Sauce

燒椒茄子
Eggplant with Roasted Green Chili

麻醬菠菜
Poached Spinach with Sesame Dressing

♥ 如果一次燉 2 斤以上的牛肉，我建議先整鍋清燉，也就是第 1 個步驟結束（牛肉稍煮過切塊後），回鍋小火燉約 1 小時，關火放涼。第二天可以取出一半，從第 2 步驟開始加味加料，燉煮時間減為半小時，立刻變身沙茶牛肉煲。而另一半加鹽調味就是清燉牛肉，可以喝湯下麵，一鍋兩吃。

沙茶蘿蔔牛肉煲

Beef and Daikon Casserole with Taiwanese Satay Sauce

　　沙茶是個有趣的醬料，它的前身是發源於印尼爪哇地區用來搭配燒烤肉串用的沙嗲醬，後由南洋華僑帶回閩南潮汕（因此沙茶的閩南語發音近似於沙嗲），演變出自成一格的風味與用法。簡單分辨，印尼馬來系的沙嗲醬口味偏甜而辛辣，花生比例高，質地細膩（見67頁），而中式版本則更偏鹹鮮，以紅蔥、大蒜的辛香為基底，鮮味濃郁的蝦米、鯿魚為主軸。　其中潮汕地區尤其將沙茶發揚光大，廣泛應用於小吃裡，比如沙茶牛肉粿條、沙茶牛肉粉絲煲、搭配牛肉火鍋做沾醬等等。這裡我的食材組合受到潮汕飲食啟發，但做法融合了遊子對台灣夜市裡沙茶魷魚羹的思念，因此我會把湯汁勾芡，加了番茄燉煮取其果酸，起鍋前甚至可以淋一匙黑醋，最後撒把香菜，如此滾燙入口能解萬般愁緒。

材料

- 牛爽腩、牛坑腩（肋條）或牛腱：1斤（500克）
- 料酒：1大匙
- 薑：2-3片
- 沙茶醬：2-3大匙
- 洋蔥：半顆，切條
- 大蒜：3-4瓣，切碎
- 辣椒：1-2根（不嗜辣可省略），切小段
- 辣豆瓣或辣椒醬：1大匙
- 糖：1茶匙
- 大紅番茄：1顆，切塊
- 醬油：2-3大匙
- 中型白蘿蔔：1根，削皮切大塊
- 芡粉（玉米粉、樹薯粉、地瓜粉皆可）：2茶匙，加少許清水調勻
- 白胡椒粉：少許
- 黑醋：少許
- 香菜：1把，切碎

做法

1. 牛肉洗淨入鍋倒清水蓋過，煮開轉小火，撇除浮沫，加料酒和薑片，蓋上鍋蓋小火煮30分鐘，取出牛肉沖涼，切適口大塊備用，肉湯也請保留（若有明顯雜質最好過濾一下）。

2. 鑄鐵鍋或砂鍋以中火加熱，倒入1匙沙茶醬表面的油先炒洋蔥約3分鐘至軟，下大蒜和辣椒段炒香，接著下辣豆瓣醬（或辣椒醬）、糖、番茄和切塊的牛肉炒勻。之前煮牛肉的湯水倒入，加入沙茶醬、醬油和蘿蔔塊，煮開轉小火，加蓋燉煮約1小時，關火放涼，若隔夜要擺冰箱。

3. 重新加熱後嚐嚐味道和火候，不夠鹹就再加點醬油或沙茶醬，不夠爛就再煮20-30分鐘。臨上桌前加芡水煮至濃稠，撒點白胡椒粉，喜歡酸味的再淋幾滴黑醋，最後撒香菜末上桌。

有關燉牛肉

中式燉牛肉的菜譜一般要求先汆燙牛肉，有些甚至建議下鍋前先將生肉泡在清水裡，目的都是為了「去除血水」，對此我一直百思不得其解。血水造成的蛋白質浮沫的確不雅觀，但那撇掉就好，如果又泡又煮，煮完的水還整鍋倒掉，不是白白喪失了風味元素嗎？

後來讀了美食家梁幼祥廣為流傳的紅燒牛肉麵食譜，發現他所見略同，大感欣慰。梁先生說：「牛肉不能先過水，而且要從冷水慢慢加熱至沸騰後轉小火，中間也不能加冷水，一鍋到底血水是美味的來源，只要去掉表面的雜質即可。」

梁式牛肉麵食譜（建議大家上網搜尋全文）言簡意賅，包含了許多寶貴的經驗準則，比如上面說的牛肉不需過水，又比如說腱子必須整條煮到收縮定型了再切塊，還有最關鍵的一點——牛肉以文火煮到將爛不爛

時，關火、加蓋放到涼。這樣「泡」出的火候才會「看起來堅挺，吃起來柔嫩軟塌，還要帶著膠質，微微的會沾唇才過癮」。用科學化一點的語言描述，就是肉裡的膠質不全然釋放到湯水裡，而是維持在即將液化的臨界點，筷子夾起來盈盈顫顫，入口才鮮濃化開。

王宣一《國宴與家宴》裡傳奇的紅燒牛肉（半筋半肉）也異曲同工，必須煮了放涼，隔日再煮再放涼，總共費時三日。我一開始不信邪，認定那是因應舊時代燃煤灶不好調整火候而發展出的解決之道，心想肯定與文火一路燉到底無異，但親身試驗後發現確實有所不同，而且 foolproof（零失敗），能達到形、色、質地皆理想的境界。近年又讀到比才在《家酒場》一書裡採用日式「浸漬入味」烹調原理做的牛筋燉蘿蔔，同樣建議在食材尚未全然燉爛時關火，讓湯底的餘溫慢慢滲入，成效斐然。

讀了以上三家之言，小女子受惠良多，從此奉行不悖。我相信當代的真空低溫烹調法必然也能達到同樣效果，但既然瀟灑放到涼就可以燉出一鍋極品好肉，何必動用精密儀器呢？

燒椒茄子

Eggplant with Roasted Green Chili

火燒辣椒或甜椒的做法出現在世界各地，由以辣椒原生地──拉丁美洲和美國西南地區最常見，主要透過炭火或高溫烘烤直到椒皮焦黑起泡，椒肉熟軟散發香氣。這裡介紹的燒椒做法獨具一格，在愛吃辣椒的四川和湖南特別受歡迎，但最早應該是源於擅長燒烤的雲貴地區。製作上一般選用辣度中等的牛角椒（Long Horn Pepper），怕辣可以改用一般用來做青椒鑲肉的那種青龍椒（也稱糯米椒）或阿納海姆椒（Anaheim Pepper），反之特別嗜辣可改用杭椒或二荊條，燒烤至焦黃後不必剝皮，直接搗爛或切碎，以蒜末、醬油、醋、鹽、糖調味，有種原始的粗獷。最經典的搭配是用來拌皮蛋或茄子，但因為燒椒醬實在太香，拿來拌飯拌麵夾饅頭也很常見。

茄子的部分，可以和辣椒一樣直接火烤至焦黑後剝皮涼拌，如此帶煙燻焦香，搭配燒椒醬很有傣族風味。當然也可以清蒸或水煮，但我更推薦微波，因為用微波爐烹調出來的茄子能保留表面鮮明的紫色，效果又快又好，是我家至今不放棄微波爐的一大原因。

材料 ❦

- 牛角椒或青龍椒：3-5 根
- 連皮大蒜：2-3 瓣
- 鹽：半茶匙
- 川式菜籽油或麻油：2 大匙
- 砂糖：1 茶匙
- 醬油：2 大匙
- 黑醋：1 大匙
- 中式細長茄子：2-3 根

♥ 傳統的做法是用生蒜末調味，但我覺得搭配燒烤過的大蒜更香，所以建議連皮整瓣和辣椒一起燒烤。

做法 ❦

1 牛角椒或青龍椒洗淨拭乾，剁去蒂頭，甩掉大部分辣椒籽。

2 燒烤方式有二：

之一：取一烤肉串用的鐵籤（或泡過水的竹籤）串起辣椒和帶皮蒜瓣，直接放入瓦斯明火或炭火裡炙烤，上下前後翻轉使受熱均勻，直到辣椒均勻起泡帶焦黑點，蒜皮焦褐。

之二：炒菜鍋燒熱，辣椒和帶皮蒜瓣下鍋乾烤（如果辣椒太長或捲曲可以先切成段），時時以鍋鏟按壓辣椒以確保受熱，偶爾翻炒一下，直到辣椒均勻起泡帶焦黑點，蒜皮焦褐。

3 做燒椒醬：烤好的大蒜剁皮，與辣椒（不用剝皮）一起放入臼裡搗碎，或在砧板上切碎（不要切太細），加鹽和 1 大匙菜籽油或麻油，嚐嚐調整鹹度。

4 做涼拌汁：小碗裡倒入砂糖、醬油、醋和 2 大匙清水，攪拌至砂糖溶化，再加剩下的 1 大匙菜籽油或麻油拌勻。

5 茄子洗淨分切成 3 段，每段從橫面剖半再剖半，放入可微波的容器裡（擺不下就分批加熱，不要塞得太滿）薄薄撒一小撮鹽，包上保鮮膜，戳 1-2 個洞透氣，微波加熱 3-5 分鐘（看微波爐功率決定），時間到取出用叉子戳戳看是否熟軟，如果不夠軟就包好再加熱 30 秒，直到熟度剛好為止。

6 熟軟的茄子段稍微放涼後堆放盤中，燒椒醬鋪於其上，倒入涼拌汁，吃的時候再拌一下就好。

麻醬菠菜

Poached Spinach with Sesame Dressing

      炎炎夏日吃麻醬菠菜清爽百搭。有時忙不過來的時候，說實話，我連麻醬都懶得自己調，直接倒上日式邱比牌焙煎芝麻醬就可以上桌了！

材料

- 菠菜：1 大把
- 鹽：少許
- 白芝麻醬：3 大匙（中東式的 Tahini 芝麻醬也很合適）
- 日式高湯：3 大匙，或鰹魚調味料 1 茶匙
- 白米醋：1 大匙
- 醬油：1 大匙
- 砂糖：1/4 茶匙
- 麻油：幾滴
- 炒熟的白芝麻：1 茶匙

做法

1　菠菜洗淨，如果是連根的先不要切掉根部。一大鍋水煮開，放入菠菜燙約 20 秒，起鍋瀝乾，泡冰水放涼，然後用雙手擠乾水分。

2　如果你買的菠菜是連根的，這時候可以很輕鬆地梳理好每一株菜葉：葉對葉，莖對莖，分切成約 5 公分長段，撒薄鹽，像日式餐廳裡那樣整齊地排放盤中。如果菜不連根也不要緊，大約切成 5 公分長段後，撒薄鹽拌勻，像照片裡這樣一股腦堆放盤中也行。

3　接著調拌醬汁：現成芝麻醬用日式高湯慢慢化開調勻（或是用鰹魚調味料加 3 大匙溫水），加白醋、醬油、砂糖和麻油，嚐嚐味道調整鹹度，最後淋上菠菜，撒上芝麻粒即可。

MENU

粉蒸牛肉
Sichuan Style Steamed Beef in Toasted Rice

手撕包菜
Dry-fried Spicy Cabbage

凉拌黑木耳
Wood Ear Mushroom Salad

粉蒸牛肉

Sichuan Style Steamed Beef in Toasted Rice

　　吃過小籠粉蒸嗎？那種老式眷村麵館才有，層層疊放在掌心大的竹籠裡，蒸煙繚繞，裹著辛香碎米粒的軟糯排骨、牛肉、肥腸……。點一碗麵條配一籠粉蒸、一碟青菜，在我心中勝過所有山珍海味。生活在成都的那幾年裡，我發現四川人對粉蒸的講究和規矩還是比較多的（畢竟那是發源地），比如桌上若同時擺了幾籠粉蒸菜，撒香菜澆蒜泥的一定是牛肉，排骨和肥腸則妝點少許蔥花，萬萬不能混著來。又比如說他們醃肉「碼味」時除了不能少的郫縣豆瓣之外，還會一臉祕而不宣地加勺醪糟（就是我們俗知的酒釀）或豆腐乳，最後裹上自家的蒸肉粉——有人以五香調製，有人只加八角、月桂葉，但家家都少不了大把花椒，如此成就了萬變不離其宗的川味粉蒸菜。

　　放眼世界，老實說我還真想不到任何別的菜系有類似以炒香碾碎的穀類包覆食材蒸煮的做法。我一位擅長地中海料理的英國朋友吃了粉蒸肉驚為天人，一眼看出它的跨文化應用，進而研發出他獨家以孜然、芫荽、肉桂等香料炒製的中東口味粉蒸羊肉，搭配口袋餅和鷹嘴豆泥感覺天造地設！

材料

蒸肉粉

- 粳米：8 大匙
- 糯米：2 大匙
- 八角：1 顆
- 桂皮：1 片
- 月桂葉：1 片
- 茴香：半茶匙
- 花椒：1 大匙
- 瘦牛肉（我喜歡用腹脅肉〔flank steak〕）約 350 克

調料

- 郫縣豆瓣：1 大匙
- 辣椒粉：1 大匙 （可省略）
- 花椒粉：1 茶匙
- 豆腐乳：1 塊
- 酒釀：1 大匙，或料酒 1 大匙加少許砂糖
- 醬油：1 大匙
- 薑蒜水：2 大匙（薑蒜末加滾水泡開放涼）
- 鹽：少許
- 紅油（見 217 頁）或植物油：1 大匙

- 中型番薯：1 顆

- 蒜泥：1 大匙
- 香菜末：1 小把

做法

1 蒸肉粉當然可以買現成的，但自己做簡單實惠又有成就感，還可以依口味調整辛香料。口感上為兼顧軟與糯，同時用到粳米和糯米，黃金比例是 4:1。每 4 湯勺粳米配 1 湯勺糯米約適用 1 次，但由於焙炒少量容易燒焦，也為了省事，這裡一次做 2 回份量。炒鍋或平底鍋以中小火加熱，倒入所有材料反覆翻炒約 7-8 分鐘，直到米粒均勻變黃即可起鍋。稍放涼後取出八角、桂皮、月桂葉，倒入食物調理機打成粗粒狀（操作只需要幾秒鐘）或者裝進保鮮袋用擀桿麵杖來回碾碎。

2 牛肉逆紋切厚片（約 0.3-0.5 公分），加入調料抓勻。其中加薑蒜水是為了讓蒸肉粉更濕濡，而最後加 1 匙油是為了使成品更油亮光澤。醃好靜置至少 10 分鐘，至多隔夜。

3 醃好的肉倒入預備份量約一半的蒸肉粉，用手抓勻，如果這時顯得有點乾可以再加少許水和油。取一只深盤或淺碗，底部鋪一層削皮切塊的番薯，上面均勻覆蓋裹了粉的肉片，盡量不要重疊，鋪排好了在表面包一層保鮮膜或蓋一個盤子，放入沸騰的蒸鍋，加蓋轉小火蒸約 40 分鐘，直到米粒晶瑩剔透，牛肉與番薯酥爛。

4 起鍋淋 1 匙蒜泥，撒 1 把香菜，嗜辣的人這時也可以再澆 1 勺紅油。

手撕包菜

Dry-fried Spicy Cabbage

　　這道菜有很多別名，手撕包菜是中國大江南北最通用的說法，又因為起鍋前必須熗口醋，也有人叫它醋溜包菜。到了四川，爆炒包心菜必須加點肥豬肉，因而名叫「油渣蓮白」。而川式椒麻煳辣的調味到了台灣，遇上我們清甜脆嫩的高麗菜，則成了「宮保高麗菜」。無論叫什麼名字，炒包心菜或高麗菜最重要的一點就是鑊氣要足，從頭到尾猛火炒，讓菜葉還來不及出水就熟透入味，麻辣酸香脆爽，讓人多扒掉一碗飯。

材料

- 包心菜：1棵，或高麗菜：
  1/3-1/2 棵
- 偏肥的臘肉或培根：少
  許，切小塊
- 植物油：1 大匙
- 大蒜：3 瓣，拍鬆切片
- 乾辣椒：1 把，切粗段
- 花椒粒：1 茶匙
- 鹽：約半茶匙
- 糖：1 茶匙
- 醬油：1 大匙
- 香醋：1 大匙

做法

1. 包心菜縱向切半，嫩葉剝下撕成大片（淘汰掉的粗莖可拿來做泡菜）。剝好的葉片清洗後必須徹底瀝乾（最好用蔬菜脫水器），如果不能瀝乾，寧可不洗。

2. 首先以中火煸炒臘肉或培根至焦脆出油，接著加一大匙植物油炒香蒜片、辣椒和花椒。轉大火倒入葉片，撒鹽，快速拌炒直到葉片稍微萎縮。砂糖與醬油和醋拌勻，從鍋沿淋入，拌炒均勻即起鍋。

♥ 普通包心菜是圓的，色澤青綠，葉片較厚；高麗菜則是扁身的，色澤偏白，更清甜脆嫩更。純粹為了口感我會選用高麗菜，但包心菜炒出來青白相間賣相佳，各有千秋。

涼拌黑木耳

Wood Ear Mushroom Salad

　　我強烈推薦家家戶戶的的櫥櫃裡都準備一包黑木耳！尤其是高海拔採收的雲耳（在海外就找「東北野生小木耳」），一朵朵形似貓耳朵，晶瑩黑亮爽脆，沒有任何食材跟它類似，也因此無論在口感、造型和色澤上都能為飯桌增添豐富感。 風乾脫水的木耳體積小，不佔空間，家裡新鮮蔬菜不夠的時候，隨時抓一把泡發，涼拌、快炒或煮湯，立刻多一道爽脆可口又營養的素菜。有關木耳的泡發，有些人建議先用冷水泡幾個小時，然後入滾水焯一下，有人則相反──先入鍋煮個兩、三分鐘，然後泡冰水。兩種方法我都試過，兩種都可行。基本上如果時間緊迫，我選擇後者以滾水快速發泡，脆度並不打折扣；但如果得以及早準備，冷水慢慢發泡的膨脹率更高，口感也更水潤豐盈。

材料

- 脫水黑木耳：1 把
- 蒜末：1 茶匙
- 薑末：1 茶匙
- 醬油：3 大匙
- 香醋：3 大匙
- 鹽：少許
- 糖：1 茶匙
- 麻油：1 茶匙
- 花椒油：幾滴
- 生辣椒：1-2 條，切圈
- 洋蔥：少許，切條
- 香菜：1 把，切段

做法

1. 首先發泡木耳。

   冷發：以冷水蓋過浸泡至少 2 小時，至多隔夜，泡開後稍微搓洗，入滾水燙一下，瀝乾沖涼備用。

   熱發：入滾水煮 2 分鐘，瀝乾沖涼搓洗，泡冷水備用。

2. 如果用的是大朵的木耳，泡好必須剝成小片。

3. 材料第 2 項至第 10 項入小碗拌勻，接著倒入瀝乾的黑木耳和洋蔥，抓勻醃漬（5 分鐘至隔夜），臨上桌前拌入香菜即可。

MENU

乾煸牛肉
Dry-fried Chili Beef

紹子蒸蛋
Steamed Egg Custard with Soy-braised Minced Pork

清炒豆苗
Stir-fried Pea Sprouts

乾煸牛肉

Dry-fried Chili Beef

⁂

　　一般聽到乾煸大家只想到四季豆，但其實乾煸是川菜系統裡很獨特的一種烹調法，常用於精瘦部位的牛、豬、雞、兔肉或河鮮如鱔魚和泥鰍，蔬食如冬筍、雲豆、苦瓜。有別於粵菜烹調對「滑嫩」的講究，川菜追求的往往是「酥香」，刻意讓原料脫水，呈現金黃油亮的色澤，然後在半乾的狀態下吸飽辛香調料，徹底入味。傳統的乾煸菜餚必須以中火熱油反覆翻炒直到「見油不見水」，工序費時，因此一般餐館都走捷徑改用油炸，快速炸酥了表面再炒，算不上真正意義的乾煸。 回歸到家庭廚房裡，我們一來不想用那麼多油，二來不差那七、八分鐘的時間，乾煸就非常合適。下回你炒肉絲、肉片、肉丁若一不小心過了火候，炒乾炒老了，不如就轉中小火繼續炒到乾香脫水，告訴大家這是一道乾煸菜，很可能還更受歡迎呢！

材料 ✤

- 瘦牛肉：350-500 克
- 醬油：2-3 大匙
- 油：半碗
- 薑：1 小段，切薄片
- 大蒜：3-5 瓣，拍鬆切厚片
- 整粒花椒：1 小匙
- 整根乾辣椒：1 大把
- 孜然粉：1 小匙
- 郫縣豆瓣：1 大匙
- 砂糖：1 小匙
- 蔥：2 根，切段
- 西芹：2-3 根，切小段
- 料酒：1 大匙

做法 ✤

1　做乾煸牛肉我一般選用美國常見的腹脅肉（flank steak），但基本上什麼部位的瘦肉都可以。由於煸乾之後縮幅比較大，愛吃肉的人建議用量多一點。瘦牛肉有明顯的紋理，切的時候要逆著紋路，可以斜角下刀片幅比較大，厚度差不多 0.5 公分正好。切好的牛肉放入大碗裡，加醬油抓勻，醃 10 分鐘。

2　炒鍋用中火燒熱加油，倒入牛肉炒開，肉變色以後會出水，這時只能耐心等待，偶爾翻炒一下，大概 7-8 分鐘後水分燒乾，開始發出滋滋油響，這時倒入薑、蒜、花椒、乾辣椒與孜然粉，不斷翻炒至香酥金黃。

3　倒掉多餘的油，加入辣豆瓣、砂糖、蔥段和西芹拌炒均勻，嚐一下調整鹹度，最後淋 1 匙料酒炒香揮發，即可起鍋。

紹子蒸蛋

Steamed Egg Custard with Soy-braised Minced Pork

⁂

　　四川街頭的麵館裡常見一人份的蒸蛋，扁扁一個小碗，臨上桌澆一勺肉汁肉末，當地稱作「臊子」（發音如嫂子），大概跟台灣說的「肉燥」是一個字源。由於四川話發音ㄙ、ㄕ不分，早年跟隨老兵流傳到台灣，寫法演變為「紹子」，印象中總是用來拌麵。幾年前我住成都時驚喜發現紹子還可以搭配蒸蛋，比純粹淋醬油多了幾分豐腴，簡單家常卻是一道拿得出手的菜，感覺很值得推廣。比起日式茶碗蒸，中式蒸蛋的質地稍微緊緻結實一些，蛋液兌湯水的比例差不多是一比一至一比二，日式做法則高達一比三。水分越多，蒸出來的雞蛋越吹彈可破，顏色也會淡一點，大家可自行斟酌嘗試。一顆雞蛋的重量大約五十克，也就是說，每用一顆蛋可以調入五十至一百五十毫升的水。

　　蒸蛋要做到表面光滑，不起泡不破口，祕訣無他：火必須小，用微滾的水蒸氣加熱就錯不了。另外，我喜歡用寬口的淺碗或深盤來蒸蛋，這樣一來因為平鋪開可以很快蒸熟，二來擴大澆淋肉汁的表面積，吃起來更有味道，端上桌也更有氣勢。

材料 ◉

蒸蛋部分
- 雞蛋：3 顆
- 清水或高湯：250 毫升
- 鹽：半茶匙
- 香油：幾滴
- 蔥花：少許

紹子部分
- 豬絞肉：70-100 克
- 薑末：少許
- 蒜末：少許
- 醬油：1 大匙
- 砂糖：1 小撮
- 油：少許

做法 ◉

1　雞蛋加入鹽打散，與微溫的清水或高湯調勻（如果高湯已帶鹽請自行調整鹽量），透過濾網倒入淺碗或深盤裡，大約 8 分滿正好。過濾的目的是去處泡沫和筋膜，如果沒有濾網就用勺子撇除多餘泡沫也行，影響不大。在表面包一層保鮮膜或倒扣 1 個盤子，防止蒸煮的時候鍋蓋滴水。

2　取 1 炒鍋或寬口深鍋，倒入大約 2 個指節深的清水煮開，轉小火。鍋底放 1 個蒸架或是倒扣 1 只碗，蒸蛋容器置於其上，蓋上鍋蓋蒸大約 8-10 分鐘，關火靜置 4-5 分鐘。

3　蒸蛋的同時準備紹子。鍋子加油燒熱，倒入絞肉炒開，變色後加薑、蒜繼續炒，我喜歡炒到肉末金黃焦脆釋出油脂，這時再加入醬油、砂糖和清水煮一下，嚐嚐調整鹽分即可。

4　蒸好的蛋澆 1 勺紹子，幾滴香油，1 把蔥花。

清炒豆苗

Stir-fried Pea Sprouts

    每年入冬豆苗上市，我一定見到就買，清炒煮湯吃一整季。豆苗清香，與濃郁的菜色搭配特別爽口，也因此上海人吃濃油赤醬的紅燒肉常配一盤清炒豆苗解膩，而四川人吃完一桌麻辣也喜歡用白水或清湯燙一碗「豌豆顛兒」，就是豆苗尖上摘下來顛顛顫顫還帶著捲翹龍鬚的那幾株嫩莖嫩葉。川滬兩個烹調體系在豆苗的處理上都傾向極簡，頂多加鹽和一點料酒，最大程度保留它的清香。

    補充說明，那種常用來生食、做盤飾或打入果汁的小豆苗是豌豆剛發出來的幼苗。這裡說的是長更大一些，已經分岔且冒出藤鬚的大豆苗。

材料

· 豆苗：1 大把
· 油：少許
· 鹽：少許
· 料酒：少許

做法

豆苗摘下蒂頭第 1 柱莖葉（此為所謂豌豆尖），其餘只留葉不留莖，洗淨瀝乾。炒鍋燒熱加油，放入豆苗炒幾下，加鹽和料酒拌炒至軟即可。

MENU

烤牛排配鯷魚青醬
Grilled Flank Steak with Anchovy Chimichurri

帕瑪沙拉
Parma Salad

手風琴馬鈴薯
Hasselback Potatoes

烤牛排配鯷魚青醬

Grilled Flank Steak with Anchovy Chimichurri

提到牛排，許多懂行的人會跟你談級別、雪花、熟成……等各式專有名詞，調味強調極簡，對五分熟以上的做法多半嗤之以鼻。我理解這樣對品質的追求，但有時還是忍不住想念小時候在台灣平價牛排店裡吃的那種薄薄的、焦焦的、帶著濃濃黑椒和蒜香的鐵板牛排。下面這種做法就是能滿足我兒時養成的口味，既鄉土又上得了檯面的平價吃法。

我最常買的牛排部位是腹脅牛排（flank steak）和裙帶牛排（skirt steak），分別來自腹部和肚膜，呈扁平長條狀，紋理清晰，精瘦少雪花。在一磅肋眼動輒要價二、三十美元的市場裡，這兩個部位的牛肉價格硬是少了五至七成，一次餵飽一桌子人也不用心疼。重點是它們味道很好，適合醃漬後煎烤至焦黃，然後逆著肌肉紋理切片。雖稱不上軟嫩但絲毫不塞牙縫，特別適合搭配亞洲或拉丁美洲風格的佐料。

在美國一般平價超市都買得到一整片約一點五至二磅，適合四到六人食用的腹脅牛排和裙帶牛排，而在亞洲地區這些部位一般都被分切成小塊拿來炒肉絲肉片了，可能需要特別請肉販幫忙保留整塊。跟中式的肉絲肉片一樣，腹脅牛排和裙帶牛排可以先用醬油醃漬（這不是我個人的突發奇想，西方廚師也普遍建議這麼做）。另外很關鍵的是必須加一點酸性元素來軟化肉質並增鮮提味（如檸檬汁或醋）。烤好的肉斜切薄片，搭配滋味鮮明的鯷魚青醬，實惠又討好，對味蕾的挑動可不輸貴森森的頂級牛排呢！

材料

酸豆鯷魚青醬

- 歐芹（parsley）：1 把
- 香菜：1 把
- 大蒜：2-3 瓣，切末
- 酸豆（caper）：1 大匙，切碎
- 罐頭鯷魚（anchovy）：4-5 片，搗碎
- 辣椒粉：1 茶匙
- 鹽：適量
- 紅酒醋或白醋：2 大匙（不要用偏甜的巴薩米克醋）
- 橄欖油：約半碗

牛排

- 腹脅牛排或裙帶牛排：約 1.5-2 磅
- 醬油：約半碗
- 檸檬：1 顆，擠汁
- 橄欖油：1 大匙
- 鹽：少許
- 黑胡椒：少許
- 蒜粉：少許

做法

1. 歐芹和香菜洗淨擦乾，剝下葉片和細莖，切碎放入碗中，加入蒜末、酸豆、鯷魚、辣椒粉，再加紅酒醋和 1 大匙清水拌勻，最後倒橄欖油直到蓋過，嚐嚐看是否需要加鹽，拌勻備用。

2. 牛排放入保鮮袋或容器裡，倒入醬油、檸檬汁、橄欖油。如果用保鮮袋，醬油用量可以少一點，封口前盡量擠出空氣，使醃料均勻覆蓋牛肉。如果用容器醃漬，醬油用量需要多一點，中途也必須翻面。由於醃料含足以軟化肉質的檸檬汁，醃漬時間不宜超過 12 小時。烹調前將肉取出，用廚房紙巾擦乾表面（不擦乾無法煎焦黃）。

3. 牛排尺寸若大過平底煎鍋或烤架，先分切成塊，表面均勻撒上薄薄一層鹽、黑胡椒、蒜粉。煎鍋或烤架抹薄薄一層油以中大火加熱至冒煙，牛排放上，用鍋鏟稍微按壓以確保底面貼合受熱，約 2 分鐘後翻面，反面也煎烤 2 分鐘。如此反覆翻面直到表面金黃邊角焦黑，用手指按壓一下肉最厚的部位，如果還很軟，就轉中小火繼續煎烤，偶爾翻面。如果已經偏硬就可以起鍋，放在砧板上靜置 5 分鐘讓汁水回流，內部溫度和熟度也會持續提升。

4. 靜置好的牛排逆紋斜切成片，搭配青醬食用。

♥ 這個青醬的原型是阿根廷燒烤料理特有的 chimichurri 醬料，但我額外加了鯷魚和酸豆，目的是使風味更鹹鮮，如果不喜歡的話可以省略，以鹽代替。

♥ 如果買不到特別實惠的腹脅牛排或裙帶牛排，改用更高檔的肋眼、沙朗、紐約客、丁骨牛排……當然也可以，但就不需要預先醃漬了。

帕瑪沙拉

Parma Salad

　　吃西餐的時候隨手拌一盆生菜沙拉，就像吃中餐少不了炒盤青菜一樣，對很多人來說是幾乎不假思索的反射動作。而就像青菜可以清炒或加蒜蓉、薑絲、辣椒、魚露、蠔油、腐乳等等一樣，生菜沙拉也可以從最基礎的油醋汁開始替換疊加，千變萬化。這裡介紹的帕瑪沙拉比極簡只多了一點點，是我家平日相當於蒜蓉炒青菜的基本款。名為「帕瑪」，因為沙拉裡畫龍點睛的鮮味來源分別是出自義大利帕瑪地區的火腿（Prosciutto di Parma）與起司（Parmigiano Reggiano），兩者都是我冰箱裡的常備品，隨手撒一把，毫不費力就可以讓生菜更出色。

材料 ❀

- 生菜葉（任何適合生食的單一品種或混合嫩莖菜葉都可以）：1 顆或 1 包
- 帕瑪火腿：3 片
- 帕瑪森起司：1 小塊
- 開心果：1 大匙
- 紅酒醋或巴薩米克醋：1 大匙
- 鹽：半茶匙
- 黑胡椒：少許
- 冷壓初榨橄欖油：3 大匙

♥ 脆火腿片、起司粉、烤開心果可以一次備大量，存放冰箱隨時取用。

做法 ❀

1　生菜洗淨，脫水瀝乾備用。

2　帕瑪火腿用平底鍋小火乾烙，或放入烤箱以 90℃／200℉烤 7-8 分鐘，直到烘乾變脆，取出放涼剁碎。

3　帕瑪森起司刨成細絲，或切成小塊丟進食物調理機裡攪打約 1 分鐘成粉末。

4　開心果平鋪於平底鍋裡以中小火烘香，約 3-5 分鐘。或放入烤箱以 175℃／350℉烤 5 分鐘，直到微上色有香氣但不焦黑，取出放涼碾碎。

5　調油醋汁：小碗裡倒入紅酒醋或巴薩米克醋，加鹽和黑胡椒拌勻，接著倒入橄欖油，以叉子快速攪拌均勻（油醋汁擺一下子就會油水分離，使用前必須再攪拌）。

5　組合沙拉時不要一股腦倒入所有油醋汁，而是分次少量加進沙拉葉，用手指剁鬆挑勻，直到所有菜葉都均勻覆蓋薄薄一層油醋汁，但不濕濕坍塌為止（油醋汁不一定用完）。這時再加入一部分帕瑪森起司，同樣以雙手拌勻。盛盤撒上剩下的起司、火腿和開心果即可。

手風琴馬鈴薯

Hasselback Potatoes

　　這是一道看起來很炫，但做起來並不麻煩的馬鈴薯料理，名稱來自原創做法的瑞典 Hasselbacken 餐廳，而別名「手風琴」則是指它一開一闔的皺摺形象，特別傳神。馬鈴薯這樣烤不只賣相討好，口感也加分，因為切片增加了受熱表面積，使切口邊緣得以變焦脆，內裡柔軟綿密且更容易入味。選材上無論用大顆或小顆的馬鈴薯都可以，我通常選用新薯或皮薄一點的品種如育空黃金馬鈴薯（Yukon Gold potato），但基本上什麼品種都適用，時間溫度不變。切口的間距粗一點細一點都無妨，重點是必須整齊一致。馬鈴薯烤到半熟的時候切口會自然張開，這個時候要二次刷油調味，使味道徹底滲入。我一般喜歡用奶油，因為味道香濃而且有助於焦黃上色，但橄欖油、椰油、鵝油……都是很好的選擇。

材料

- 大顆馬鈴薯：4 個，或迷你馬鈴薯：1 袋
- 奶油：半條
- 鹽：2 茶匙
- 黑胡椒：少許
- 歐芹（parsley）：1 小把，葉片切碎；或任選乾香草：1 小匙

做法

1. 馬鈴薯橫向面薄薄切掉一片，切面貼向砧板（這樣可以確保平穩不滾動），兩邊各擺一支筷子，從一端開始直角下刀，每隔約 0.2-0.5 公分切一刀，直到刀鋒碰到筷子（尖尖的兩端必須目測不切斷），下刀間隔盡量保持一致，全部切完盛裝於烤盤。

2. 奶油裝在小碗裡，隔水加熱或微波約 30 秒至溶化，均勻地塗抹在馬鈴薯上，接著撒上一半的鹽，切花面朝上送入烤箱或氣炸鍋。

3. 如果用烤箱，預熱 200ºC ／ 400ºF，烤 30 分鐘後取出，切花刀口應該適度張開了，這時再刷上剩下的奶油，撒鹽和黑胡椒，送回烤箱繼續烤約 30 分鐘，直到表面金黃焦脆即可，趁熱食用。

4. 如果用氣炸鍋，溫度改為 190℃ ／ 380 ℉，時間減半——烤 15 分鐘後刷奶油並撒鹽和胡椒，總共烤 30 分鐘。

MENU

檸檬大蒜烤鱈魚
Roasted Cod with Lemon and Garlic

蒜炒青花筍
Pan-fried Broccolini

香腸燉白豆
White Bean and Chorizo Stew

檸檬大蒜烤鱈魚

Roasted Cod with Lemon and Garlic

有一回朋友近中午時間來送個東西，我說不如一起吃個飯吧，然後就邊做邊聊在二十分鐘內完成了下面這幾道菜。朋友驚呼：「怎麼會那麼簡單?! 而且明明只看到你撒鹽調味，吃起來卻很有味道」。的確，比照中菜動輒用七、八種調料，肉和魚都必然要醃過這樣的思維習慣，西餐有時感覺簡單得不像話，好像很沒學問，但其實那是另一套思維，講究的是食材的品質與口味的鮮明。越是簡單的搭配，越要清楚吃到每一樣食材的滋味。食材與食材之間講究互補和對比，融合度不像中式炒菜和燉菜那麼高。但只要搭配得宜，簡單烹調往往事半功倍。

就比如這個烤魚，只要魚夠新鮮或是經過適當解凍，完全沒有必要用蔥、薑、料酒「去腥」。這裡我僅只抹了橄欖油，撒點鹽，鋪上以檸檬皮和大蒜調味的麵包粉而已，但烤出來魚肉細嫩，表層酥脆，配著浥潤濃郁的白豆香腸，頗有亞里斯多德說的「整體大於部分總和（The whole is more than the sum of its parts.）」的效果呢！

材料

- 鱈魚排：4 片（或任何偏厚的白肉魚排）
- 橄欖油：1 大匙
- 鹽：1 茶匙
- 黑胡椒：少許
- 粗粒麵包粉：4 大匙
- 蒜末：半茶匙
- 檸檬皮：1 顆檸檬刨下來的細絲
- 歐芹（parsley）：1 小株，切碎

做法

1. 烤箱預熱 210℃／425℉。

2. 魚排洗淨擦乾，表面抹橄欖油，均勻撒一層薄薄的鹽和少許黑胡椒。

3. 麵包粉加入少許鹽、黑胡椒、蒜、檸檬皮和歐芹，加入橄欖油用手指抓勻，分成 4 等份輕輕按壓在魚排上方。直接放在抹了少許橄欖油的烤盤上或是鋪在白豆香腸上送入烤箱，約 8-10 分鐘，麵包粉轉金黃就可以取出了。

♥ 如果用的是急速冷凍的魚排，請務必前一晚拿到冷藏櫃慢慢解凍，使用前用廚房紙巾擦乾。如果魚排比較薄，烤箱溫度建議提高 10℃／25℉，烘烤時間減至 5-7 分鐘。

蒜炒青花筍

Pan-fried Broccolini

　　在市場見過那種長得特別纖細修長的花椰菜苗嗎？那是傳統花椰菜和芥蘭菜的混合品種，有前者的叢生綠蔭和後者的細長莖桿，質地鮮脆又有點像蘆筍，而且無需分切也不用削皮，清洗一下就可以入鍋，難怪近年來大受歡迎。如果買不到菜苗，下面的做法也適用於傳統花椰菜，只是需要先分切成小樹，而且別忘了多保留一些莖桿就是了。

材料

- 青花筍：1 把
- 橄欖油：1 大匙
- 大蒜：3-4 瓣，切片
- 乾辣椒段或辣椒粉：少許
- 鹽：約半茶匙
- 帕瑪森起司：少許

做法

1 青花筍洗淨瀝乾，如果莖的底部感覺有點老可以切除，特別粗的莖桿也可以對半切，盡量保持每一株的粗細長短相當，受熱才會均勻。

2 平底鍋或炒鍋以中大火加熱，倒入橄欖油，青花筍平鋪於上，如此乾煎約 1 分鐘，直到底面局部微焦即可加入蒜片、辣椒和鹽炒開，炒到蒜片上色後淋 1-2 匙清水，加蓋蒸煮 1-2 分鐘，直到水分揮發即起鍋。盛盤後撒上一些用削皮刀刮下的帕瑪森起司薄片。

♥ Chorizo 源自伊比利半島,在西班牙和葡萄牙各有獨特的傳統做法,但都是用加了煙燻紅椒粉(有辣有不辣)的豬肉製成,經過風乾煙燻和發酵,可以不加熱直接食用。後來傳到拉丁美洲又衍生出各地不同的版本,不變的是紅椒和豬肉,但普遍不經過風乾發酵,質地偏柔軟濕潤,必須烹調後才能食用。我用過許多不同產地品種的 Chorizo,風味各有千秋,但看個人喜好。這道菜裡用哪一種都可以,或者也可以用不同種類的西式香腸,下鍋時自己再另外撒一點煙燻紅椒粉調味。

♥ 白豆有許多品種,如 Cannellini Beans, Great Northern Beans, Butter Beans 等等,口感質地差別不大,主要是產地和大小不同。這裡我用的是義大利的 Cannellini,個頭大一點,但代換任何一種都可以。

♥ 百里香也可以用新鮮迷迭香替代,但剝下來的迷迭香必須切碎,否則咬在嘴裡感覺不好。

香腸燉白豆

White Bean and Chorizo Stew

　　我上一本食譜裡收錄了一道香腸白豆甘藍湯，許多朋友說他們一做再做，老少咸宜。我自己也特別喜歡豆子跟香腸的組合，尤其如果能買到煙燻紅椒調味的 Chorizo 香腸，那鮮明的滋味和豔麗的紅椒色澤融入白豆湯汁裡，其他什麼調料都不加就很好吃。豆子的部分當然可以從乾豆浸泡和燉煮開始，但我覺得罐頭白豆的品質普遍不錯，非常省時省力。這裡我連洋蔥都免了（洋蔥燉軟需要時間），只用蒜片和小紅蔥調味，再加一點新鮮香草，基本上 5 分鐘可以上桌，配魚配肉或單獨吃都合適。

材料

- 煙燻紅椒香腸（Chorizo）：約 80-120 克
- 橄欖油：1 大匙
- 大蒜：1-2 瓣，切碎
- 小紅蔥（shallots）：半顆，切片
- 白豆罐頭：2 罐（每罐 425 克）
- 鹽：少許
- 黑胡椒：少許
- 檸檬汁：少許
- 新鮮百里香：2-3 株（如果用乾香草只需要一點點）
- 小番茄：1 小把，對半切
- 新鮮歐芹（parsley）：1-2 株，切碎

做法

1　如果用的是正宗西班牙的風乾煙燻紅椒香腸，必須先剝除腸衣，用量也偏少一點（差不多切 10 公分一節）。其他非風乾品種的香腸大約用 2 條，先橫向剖半再切半月形小塊備用。

2　開中火用橄欖油炒香大蒜和紅蔥，加入香腸炒至微微上色，接著將兩罐白豆連同汁水一起倒入，煮開轉小火，加鹽、黑胡椒和幾滴檸檬汁調味。百里香剝下少許小葉片拌入白豆，其餘的整株放入鍋裡，大約煮 3-5 分鐘，稍微收汁入味即可。起鍋前 1 分鐘放入小番茄，最後撒上歐芹。

3　如果想跟鱈魚做成一鍋料理，香腸白豆建議在直徑足夠放下 4 塊魚排的鑄鐵鍋裡烹調，調味拌勻就鋪上魚排，不加蓋放入烤箱，最後 1 分鐘放入小番茄。剛出爐的時候豆子表面可能會結一層薄衣，稍微攪拌一下就好了。

下午我家向東的廚房裡
陽光柔和，與檯面暈黃
的聚光燈交織出一片靜
謐。這時適合洗菜、揉
麵、燉湯，或是坐下來
給自己泡一壺茶，享受
稍縱即逝的獨處時光。

MENU

煎鮭魚
Seared Salmon

寶石沙拉
Jewel Salad

蒸煮藜麥
Steamed Quinoa

煎鮭魚

Seared Salmon

　　鮭魚搭配藜麥寶石沙拉，講求的是簡單清爽，無需多做紋飾，鹽巴調味煎熟即可。如果喜歡重一點的口味，當然也可以撒少許香料，比如紐奧爾良香料粉（Cajun Spice）、現成的檸檬胡椒粉（Lemon Pepper）、還有我個人特別喜歡用來搭配魚肉的芫荽籽（Coriander）或蒔蘿香草（Dill）等等。煎好的鮭魚排用來搭配任何生菜沙拉都是一道理想的輕食。

材料

- 鮭魚排：4 片
- 鹽：少許
- 黑胡椒：少許
- 油：1 大匙

做法

魚排兩面均勻撒一層薄鹽和黑胡椒。平底不沾鍋以中大火預熱，倒入油，魚排下鍋必須立刻聽到滋滋聲響（帶皮魚排需皮面先下鍋），接著觀察魚肉側面的色澤變化——鮭魚會從貼著鍋面的部分逐漸往上從半透明的桔紅變乳白，當乳白色到達側邊一半高度時即翻面。翻面後大約再煎30-60 秒，直到側邊全部轉乳白即關火，這時魚肉中心仍呈半透明果凍狀，特別嫩滑。盛盤淋上少許寶石沙拉的油醋汁。

♥ 這回還即興添加了黑橄欖和紫甘藍泡菜。

寶石沙拉

Jewel Salad

這道菜是跟我的好朋友 Michele 學的。記得那個晴朗微涼的春日在她家後院聚會，陽光灑在盛沙拉的大碗上，五彩的蔬菜晶瑩剔透，像寶石也像孩子澄澈的眼睛，還有女主人噙在眼眶裡打轉的淚水。兩個月後再見面，她罹癌的心愛另一半已離世，我們一家人也永遠失去了一位真摯的好友。為此這道菜對我有特別的意義，只要把晶瑩的蔬菜和藜麥拌在一起，就好像又回到那個陽光燦爛的午後，大家都在一起。

材料

- 煮熟藜麥：1 大碗（見 161 頁）
- 小黃瓜：2 條
- 甜紅椒：1 個
- 紫洋蔥：1/4 個
- 歐芹（parsley）：1 大把
- 鷹嘴豆罐頭：半罐（每罐 15 盎司或 420 克）
- 檸檬：2 顆，擠汁
- 紅酒醋：1 大匙
- 鹽：1 茶匙
- 黑胡椒：少許
- 蒜末：1 茶匙
- 橄欖油：3 大匙

做法

1 黃瓜、甜紅椒和紫洋蔥都分別切成大小相當的小丁，歐芹摘下葉片切碎，鷹嘴豆瀝乾。

2 取 1 大碗，鋪上煮熟放涼的藜麥，上面整齊堆擺切成小丁的蔬菜和豆子。

3 其餘調料混合入 1 小碗裡拌勻，上桌時倒入沙拉（預留少許用來搭配煎鮭魚），攪拌均勻食用。

蒸煮藜麥

Steamed Quinoa

···

　　原產於南美洲安地斯山脈的藜麥近年來在全世界都很受歡迎。它天然、低熱量、高蛋白又富含膳食纖維，而且對我來說主要好吃好看又好搭配。我一般習慣一次準備一到兩米杯的份量，直接代替米飯，吃剩的則存放在冰箱裡，隨時拌生菜沙拉的時候加一點進去，增添營養和口感。藜麥分為白藜、紅藜和黑藜，烹調方法都一樣，也常見照片裡這樣三色混雜的。它表面覆蓋了一層天然的防蟲皂苷，烹調前必須沖洗乾淨，否則入口有苦澀味。以下介紹兩種烹煮藜麥的方法，重點是必須恰到好處斷生但保留脆脆的爆裂口感，如果煮過頭變軟爛就可惜了。

材料

· 藜麥：1 杯，洗淨瀝乾

做法

滾煮法

取 1 大鍋裝水煮滾，倒入藜麥滾煮約 12-14 分鐘，直到目測大部分顆粒都翹出小尾巴，立刻關火瀝乾。

蒸煮法

取 1 小鍋加入 2 杯清水（藜麥：水 = 1:2）煮開，倒入藜麥，轉小火不加蓋煮約 12-14 分鐘，直到表面看不見水分。關火加蓋燜 5 分鐘，開蓋挑鬆，這時顆粒應該都露出小尾巴了。

MENU

酸菜魚
Poached Fish in Pickled Mustard Broth

燒烤魚香茄子
Roasted Eggplant with Garlic and Chili Sauce

薑汁豇豆
Ginger-flavored Long Beans

酸菜魚

Poached Fish in Pickled Mustard Broth

記得我第一回吃酸菜魚是二十多年前在西雅圖一家名為「七星椒」的川菜館裡，當時離家留學的我嚐了驚為天人，不敢相信從小吃眷村川菜長大的我竟然對如此滑嫩酸香，湯汁鮮濃的店家招牌菜前所未聞。原來酸菜魚和水煮牛肉一樣，都屬於九〇年代從川渝地區爆紅至全中國的所謂新派江湖菜，特色是盆大料多口味重，發源於早年勞動人口的伙食，與國民政府遷台帶來的川味家常菜和公館宴席菜有基本路數上的區別。

話說回來，由於酸菜魚屬於江湖菜，它正宗的做法非常豪邁——一條草魚連頭帶骨斬段，炒豬油和酸菜熬湯，片好的魚肉燙熟鋪於其上，需要臉盆那麼大的碗才裝得下。我這裡做的是溫柔版的小江湖——魚湯另外用整條小魚燒，這樣味道更濃，顏色更乳白。燒好了濾渣後才加酸菜熬出味，如此湯底無骨無刺，再另外用魚排切片入鍋，省掉了整條魚肢解和剁骨的高難度步驟，對大部分人來說應該更容易上手。

整道菜在我看來最關鍵的部分在於酸菜，必須鹹度適中，乳酸菌活躍，煮出來的湯頭才會爽口開胃。如果買不到品質可信賴的酸菜，非常建議自己醃泡幾棵大芥菜和辣椒、生薑（見 219 頁），保證味道加分。

材料 ◦

魚湯

- 鯽魚（或任何新鮮便宜的小魚）：2 條
- 植物油：1 大匙
- 蔥：2-3 根
- 薑：2-3 片
- 料酒：1 大匙
- 清水：750 毫升
- 大蒜：2-3 瓣，拍鬆切片
- 酸菜連莖帶葉：2 大片，切小塊
- 泡薑（或普通生薑）：2-3 片
- 泡椒：2 條，切段
- 乾辣椒：幾顆
- 花椒：1 大匙
- 鹽：適量
- 蔥絲：少許
- 泡薑絲：少許

魚片

- 白肉魚排（如巴沙魚、龍利魚、羅非魚）：1 片
- 鹽：半茶匙
- 白胡椒：少許
- 料酒：1 大匙
- 芡粉（豌豆粉、玉米粉、紅薯粉皆可）：1 大匙
- 蛋白：1 大匙
- 麻油：1 小匙

做法 ◦

1　首先燒魚湯：鯽魚清腮和肚腸，魚鱗可以保留（煮出來的湯更濃）。鍋裡加 1 大匙油以中火燒熱，下鯽魚和蔥薑，煎至魚身兩面金黃，加料酒和大約 750 毫升清水蓋過，煮開轉小火，加蓋滾煮約 10 分鐘，直到湯水乳白，撇浮沫濾渣備用（濾出來的魚肉拆掉骨頭很適合餵貓狗）。

2　醃漬魚片：魚排沿中線切兩半，然後斜刀切薄片，加鹽、白胡椒、料酒、芡粉和蛋白，充分抓勻，最後裹一層麻油，冷藏備用。

3　組合酸菜魚：鍋裡燒熱少許油，加入蒜片、酸菜、泡薑、泡椒、乾辣椒和花椒，以中小火煸炒至香味濃郁後倒入預備好的濃白魚湯，煮開轉小火燉煮 5 分鐘。嚐嚐味道調整鹹度，如果不夠酸可以加 1-2 勺泡菜水。調好味可先撈出一部分酸菜鋪於預備盛菜的碗底。

4　湯底轉中大火滾煮，用筷子將醃好的魚肉一片片放入涮開，大約煮 1 分鐘後連湯倒入大碗裡，撒少許蔥薑絲即可上桌。喜歡的話也可以淋幾滴紅油（見 217 頁），或是另外鋪一層辣椒、花椒、蒜蓉，澆一匙滾燙的熱油於其上。

燒烤魚香茄子

Roasted Eggplant with Garlic and Chili Sauce

剛接觸歐美品種的胖茄子時，我總嫌它皮太厚、質地太粗糙，但自從開始用氣炸鍋料理胖茄子之後，情況完全改觀了。整顆圓鼓鼓的茄子丟進去，均勻強勁的火力三百六十度包圍，效果類似原始的炭火炙烤。粗厚的茄皮在煙燻火燎後變焦黑，切開來卻潔白細膩綿軟，這時淋上調味醬汁，立刻吸足味道。

烤茄子的調味可自行替換，比如之前介紹的燒椒醬（見112頁）就非常合適，也可以鋪一層稍微稀釋的味噌加芝麻，用烤箱上火再烘烤一下，或是淋上加大蒜、辣椒、鯷魚調味的油醋汁，撒大把新鮮香草……。這裡搭配魚香醬汁，向經典川菜「魚香茄子」致敬。

材料 ✍

- 胖茄子：1 個
- 植物油：1 大匙
- 生薑或泡薑：1 小段，切末
- 大蒜：3 瓣，切碎
- 蔥：1 根，蔥綠蔥白分開，切細
- 泡椒（見 219 頁）：1 根，切碎
- 乾辣椒粉：1 茶匙（可省略）
- 糖：2 茶匙
- 醬油：1 大匙
- 醋：1 大匙
- 芡粉：1 茶匙

做法 ✍

1. 茄子洗淨擦乾，用刀尖在表面戳幾下（防止烹調時氣爆），均勻抹上薄薄一層油，放入氣炸鍋以 200℃／400 ℉烘烤 15-25 分鐘（依大小而異），直到稍微坍塌，可輕易戳入筷子為止（注意不是越軟越好，烤過頭了切開會大量出水）。

2. 如果沒有氣炸鍋，可以用烤箱以同樣溫度烤 30-45 分鐘，中途翻一次面。

3. 烤茄子的同時準備魚香醬汁：取一小鍋燒熱一大匙油，中大火炒香薑、蒜和蔥白，然後加入泡椒、乾辣椒粉和糖炒勻。加醬油、醋和半碗清水煮開，嚐嚐味道調整鹹度（加鹽或加水）。芡粉用少許清水調開，倒入醬汁裡煮至濃稠。

4. 烤好的茄子擺入盤中，縱向切一刀展開，然後在茄肉上橫豎劃幾刀以方便夾取。淋上魚香醬汁，撒一把蔥花即可。

♥ 正宗魚香醬汁必須有泡椒的乳酸菌提味，如果以普通辣椒代替，必須多加一點醋和鹽彌補。

薑汁豇豆

Ginger-flavored Long Beans

﹡

　　這又是一道經典不辣的川味涼菜，薑與醋的組合配上翠綠的豇豆非常清爽開胃。我發現在成都即使是最普通的小家庭、最平價的小館子，如果上這道涼菜都會用心把豇豆碼得整整齊齊，擺在一桌子紅豔豔油汪汪的菜當中如清風徐來，看著吃著都舒爽。所以別看它材料簡單，形象可特別優雅呢！

　　對了，人在國外若買不到豇豆，我發現用偏纖細的法式四季豆（haricot vert / French bean）效果非常好，當然用一般四季豆也是可以的。

材料

- 豇豆：1 把
- 鹽：適量
- 薑：約 3 公分的小塊
- 醋：1 大匙
- 麻油：2 茶匙

做法

1. 豇豆洗淨掐頭尾（若用法式四季豆，尖頭好看建議保留）。燒開一大鍋水，加 1 小匙鹽，豇豆放入煮約 2-3 分鐘，直到色澤變得特別鮮明就差不多好了。嚐嚐脆度是否合適，如果喜歡軟一點就多煮一下，但千萬不要煮到軟趴。

2. 起鍋瀝乾，這時一般會建議泡冰水，但我的經驗是不需要泡冰水，反而要趁熱撒鹽使之入味。豇豆和四季豆都特別吃鹽，必須下手重一點，否則光靠涼拌汁不容易入味。稍放涼後切成長短一致的條段，整齊堆放盤中。

3. 薑磨成泥或剁成蓉，大約 1 大匙的份量，放入小碗裡倒入 1 大匙熱水和 1 小匙鹽，靜置 5 分鐘使薑出味，接著加 1 大匙醋（我喜歡用黑醋，但也有人選用白醋）、2 茶匙麻油，調勻淋上豇豆即可。

MENU

蟹粥
Crab Porridge

鹹肉筍片蒸豆腐
Tofu Steamed with Salted Pork and Bamboo Shoots

虎皮青椒
Tiger Skin Peppers

蟹粥

Crab Porridge

過去近三年來我住在美國東岸以產蟹聞名的馬里蘭州，每年從入春至秋末，鉗殼如寶石般天青絢麗的「藍蟹」（Blue Crab）堆滿露天魚市，當地人喜歡與一種由蔥、蒜、辣椒和芹菜調配而成的 Old Bay 香料粉大鍋水煮，然後鋪在舊報紙上圍桌啃食，或是把挑出來的碎蟹肉捏成餅裹粉煎炸。藍蟹生長於淡水和海水交會的切薩比克海灣，兼具海蟹的肉質清甜與淡水蟹的膏黃飽滿，美味之於大閘蟹絲毫不遜色，非常適合清蒸或乾燒等中式烹調。遺憾的是我家人不嗜此味，只能趁他們不在的時候偶爾買一、兩隻獨享，而為了使享樂延展到最大程度，我會用兩隻蟹熬一鍋粥，使所有鮮味精華都融入米湯裡。喝完粥慢慢啃蟹，沒有丁點浪費，是我一個人的小確幸。

材料

· 中小型螃蟹：2 隻
· 米：1 米杯
· 清水：6 米杯
· 鰹魚調味料或海鹽：1 茶匙
· 白胡椒：少許
· 蔥：1 根，切細絲
· 生薑：1 小段，切細絲
· 麻油：少許

做法

1 螃蟹洗淨，用刀背頂開蟹蓋，剔除兩邊花瓣狀的腮，然後扳成左右兩半。

2 米淘洗乾淨放入電鍋內鍋，鋪上處理好的螃蟹，加 6 米杯清水、鹽或鰹魚調味料，以慢燉或煮粥模式煮約 60-90 分鐘，開蓋後用手動打蛋器攪拌一下（使米粒破碎，粥質更細膩），如果太濃稠也可以趁攪拌時加點水。嚐嚐調整鹹味，舀入碗中加白胡椒和蔥薑絲，淋幾滴麻油即可。

鹹肉筍片蒸豆腐

Tofu Steamed with Salted Pork and Bamboo Shoots

  我第一回做出這道菜的起因是冰箱空了，生鮮食材只有一盒豆腐和幾根蔥，怎麼辦呢？翻翻冷凍櫃找到常備的上海鹹肉和一根過季冬筍，於是把它們切成薄片和豆腐層疊交替擺於盤中，入鍋蒸了十幾分鐘，起鍋撒上蔥花，淋幾滴麻油。鹹肉的鹽味恰到好處地滲入老豆腐，又隨蒸氣帶上冬筍的甘甜，凝聚成盤底一汪薄而燙口的清湯，鮮美異常，往上疊加還可以撒幾顆翠綠的毛豆與粉嫩的鹹肉相呼應，毫不費力卻有點功夫菜的派頭呢！

材料

- 盒裝老豆腐或板豆腐：1 塊
- 鹹肉或金華火腿：1 小塊
- 筍（冬筍春筍皆可）：半截
- 蔥花：少許
- 燙熟毛豆：幾顆
- 麻油：幾滴

做法

1. 豆腐切成約 0.5 公分薄片，鹹肉切成約 0.1 公分薄片，筍切成約 0.1-0.3 公分薄片，後兩者的切片數量等同於豆腐。

2. 在稍有深度的盤裡依序排放豆腐、鹹肉、筍片，直到全部用完（可以擺兩排）。敞開放入蒸鍋裡大火蒸至少 10 分鐘（或文火蒸 1 小時都沒問題），起鍋撒蔥花和幾顆煮熟的毛豆，淋幾滴麻油。

虎皮青椒

Tiger Skin Peppers

常聽不吃辣的人說他們不喜歡辣椒蓋過食物的味道。這種看法我很理解認同，也特別不欣賞那種辣味遮天的粗暴調味。但，如果我們喜歡的正是辣椒本身的味道呢？我指的不純粹是讓舌尖燃燒的辣椒素，而是多樣辣椒品種呈現出的不同果香——有的偏甜，有的清香，還有些經過日曬或煙燻後散發出深沉的韻味……，加上多多少少的刺激性，非常豐富立體。虎皮青椒是難得一道以辣椒為主角的菜，辣椒在此經過油煎、蒜炒、醬燒，風味醇厚，其焦香果香和肉感非常有層次的縈繞於鼻息舌尖，搭配粥品很理想。怕辣的話可以選用幾乎無辣度的青龍椒（也稱糯米椒）、日本小青椒（Shishito Pepper）或阿納海姆椒（Anaheim Pepper），反之嗜辣可改用杭椒、二荊條或照片裡示範的牛角椒。

材料

- 青辣椒：1 大把
- 植物油：1 大匙
- 大蒜：2-3 瓣，切碎
- 豆豉：1 大匙
- 醬油：1 大匙
- 香醋：1 大匙
- 糖：1 小匙

做法

1. 辣椒洗淨瀝乾，可保持完整也可去籽切長段。

2. 炒鍋以中大火燒熱，加 1 大匙油，下青辣椒煎至兩面焦黃發皺（此為「虎皮」），接著放蒜末、豆豉炒香，加醬油、醋、糖和小半碗清水煮開收汁，拌勻即可。

♥ 如果改日本小青椒，因為它皮肉特別薄，烹調必須快速簡短，否則很容易就軟爛了。

MENU

美式烤起司三明治
Grilled Cheese Sandwich

羽衣甘藍脆片
Kale Chips

番茄濃湯
Tomato Cream Soup

美式烤起司三明治

Grilled Cheese Sandwich

❀

　　曾經一個小女孩來我們家玩，因為中午沒吃飽，她一進門就喊餓，愁眉苦臉壓著肚子。我們家裡沒有零食，只好當場飛快做了一個 grilled cheese（一般如此簡稱）給她。小女生一口接一口認真吃完，擦擦嘴角謝謝阿姨就跟著加入遊戲，我也就把這事兒忘了。後來見到她媽媽，對方告訴我說女孩兒對我們家的烤起司三明治念念不忘，已向眾家親友宣布她吃過了世界上最好的 grilled cheese，一直問媽媽能不能也學著做。哎，其實美國哪個媽媽不會做烤起司三明治？這可是美式兒童餐的指標項目，家家戶戶都有他們的版本。我告訴女孩和她媽媽，祕訣無他——lots of butter，奶油多多益善！而且千萬記得，奶油必須塗在麵包的外面而不是裡面，這樣下鍋煎了才會金黃焦香，切開來起司爆漿那個滿足，別說孩子，大人也無妨抗拒。

材料 ❀

· 吐司麵包：8 片
· 奶油：約 2/3 條 室溫軟化（我喜歡用帶鹽味的，但無鹽奶油也可以）
· 切片起司：8-16 片

做法 ❀

1　每片吐司都單面塗上滿滿的奶油。

2　平底鍋開中偏小火，吐司抹奶油面朝下放入鍋中，接著鋪上切片起司，如果切片很薄建議疊放 2-3 片。接著鋪上層吐司，同樣抹奶油面朝外。

3　中小火慢慢煎 2-3 分鐘，可以用鍋鏟按壓一下以確定每一處都接觸到鍋面，直到底部均勻轉金黃焦脆，翻面再煎 2-3 分鐘，起鍋切半裝盤。

♥　麵包我一般就用很普通的市售吐司，白麵包、全麥、多穀類……都可以，當然特別講究的話也可以選用脆皮歐包，但我總覺得那樣少了一點原汁原味的美式風格。如果用歐包的話，不如再抹芥末加火腿，表面淋白醬烘烤，變成法式「脆皮先生」（Croque Monsieur）更好！

♥　片狀起司我們家一般喜歡買味道偏鹹的切達起司（Cheddar），但莫札瑞拉起司（Mozzarella）、高達起司（Gouda）、瑞士起司（Swiss）、哈瓦蒂起司（Havarti）……都合適。

羽衣甘藍脆片

Kale Chips

為了滿足我家兩個小男生對香脆零食的渴望，我每星期都至少買一大把羽衣甘藍，剝下它肥厚捲曲的葉片，抹橄欖油和海鹽慢火烘烤至酥脆，然後盛在大碗裡擺在廚房中島上，孩子們經過就抓一把送進嘴裡。烘烤過的甘藍葉口感像極了市售韓式海苔，但全程自己掌控更安心適口也經濟實惠。我小兒子現在對食物的評價常常是：「這個沒有 kale 好吃」，或是「這個比 kale 還好吃」，讓眾家媽媽跌破眼鏡。這裡以甘藍脆片取代炸薯片來搭配烤起司三明治和番茄濃湯，更均衡健康也更可口，我相信大人小孩都會喜歡。

材料

· 羽衣甘藍：1 大把
· 橄欖油：約 1 大匙
· 鹽：少許
· 黑胡椒：少許

做法

1　烤箱預熱 120℃／250℉。

2　羽衣甘藍洗淨去粗莖，葉片剝成掌心大小，脫水瀝乾（用沙拉離心脫水器最好）。

3　放入大口徑容器裡，倒入橄欖油和少許鹽、黑胡椒（也可以依個人喜好加蒜粉、辣椒或各式香料），用乾淨的雙手拌勻，確認每一片葉子都均勻包覆上薄薄一層油。剝下一小片嚐味道，如果吃得出微弱的鹹味就正好。葉片烘烤收縮後鹹度會明顯很多，所以一開始千萬不要用太多鹽，不夠的話烤好了再加也行。

3　調味好的羽衣甘藍平鋪一層在大烤盤上，送入烤箱約 25 分鐘。時間到了檢查一下，沒有徹底烘乾變脆的部分就再烤 5 分鐘，直到全乾為止。如果天氣潮濕過一會兒軟趴了，隨時可以送回烤箱或用乾鍋小火烘一下。

番茄濃湯

Tomato Cream Soup

　　番茄濃湯是烤起司三明治的最佳拍檔，美國很多餐廳都提供這樣的簡餐組合，感覺有點像是解構了的披薩，紅醬、起司各一邊。這湯烹調起來非常簡單，材料也不多，因為番茄本身富含天然鮮味元素，可以省略高湯，用清水煮就很美味。此外除非你自種或買得到夏日天然日照熟成的有機番茄，大部分的時候用高品質罐頭番茄煮出來的濃湯味道比新鮮番茄還要好。

材料

- 番茄罐頭（約 411 克）：2 罐，整粒或切塊；或新鮮大紅番茄 8 個，切塊
- 洋蔥：中型 1 顆
- 橄欖油：1 大匙
- 大蒜：2-3 瓣，切碎
- 高湯或清水：約 800 毫升
- 鮮奶油：約 200 毫升
- 鹽：少許
- 黑胡椒：少許
- 百里香或奧勒岡葉（Oregano）：少許

做法

洋蔥切塊，加橄欖油入鍋用中火炒軟，約 3-5 分鐘，再加大蒜炒香。倒入番茄罐頭（連汁水）拌勻，接著加入約 2 個空罐頭容量的清水或高湯（雞湯或蔬菜高湯皆可）和半個罐頭容量的鮮奶油，煮開轉小火，加鹽、黑胡椒和香草調味。小火燉煮 20 分鐘後關火，稍微放涼後倒入攪拌機打碎，再回鍋加熱，調整鹹度。食用前淋幾滴特級初榨橄欖油和現磨黑胡椒。

♥　如果不喜歡鮮奶油也可以只用清水或高湯，打碎以後一樣是濃湯，只是酸度會比較明顯。

MENU

墨西哥起司烤餅
Quesadilla

番茄莎莎醬 & 酪梨醬
Pico de Gallo & Guacamole

墨西哥烤玉米
Elotes (Mexican Street Corn)

墨西哥起司烤餅

Quesadilla

      有些食物似乎天生就是跨疆界的，放諸四海老少咸宜，Quesadilla（西語發音近似「可薩迪亞」）就是如此。這道菜源自墨西哥，本來必須用玉米麵做的薄餅搭配當地特有的起司，但流傳至今日已演化為一種包容度很高的形式，只要有任何薄餅和起司，另外搭配個人喜歡的肉或蔬菜，在平底鍋上對折烘熱切成片，就是人見人愛的可薩迪亞，足以做主食也適合當點心。如果買不到現成的墨西哥薄餅，可以試著用台式蛋餅皮代替。肉餡的部分，前面介紹的手撕柑橘汁燉豬肉（見 58 頁）非常合適，也可以用牛或豬絞肉炒墨西哥香料（chili powder），或是用燻雞、烤雞、培根、香腸等等⋯⋯，任君選擇。

材料

- 大張墨西哥薄餅（Flour or Corn Tortilla, Burrito size）：4 張
- 容易融化拉絲的起司，如：切達（Cheddar）、莫札瑞拉（Mozzarella）、傑克（Monterey Jack）起司等：約 200 克或 6-8 盎司，刨粗絲或剝碎
- 熟碎肉：約 1 飯碗份量
- 蔬菜，如：番茄丁、青椒、洋蔥等：少許
- 香菜碎：少許

做法

平底鍋以中火加熱（我通常不用油，但如果不希望鍋子乾燒也可以薄薄抹一層油）。薄餅放入鍋中，在半邊鋪上約 2-3 大匙份量的刨絲起司，接著均勻撒上肉碎和蔬菜。薄餅折半，用鍋鏟平面按壓幾下確保底面均勻受熱，大約 1 分鐘後翻面再烘 1 分鐘，直到起司融化，餅面微微焦黃。起鍋切成 3 或 4 等份，撒上香菜碎，搭配番茄莎莎醬和酪梨醬食用。

番茄莎莎醬

Pico de Gallo

材料

· 大番茄：2 顆，或小番茄：
　1 大把，切小丁
· 洋蔥：薄薄 2-3 片，切小丁
· 青辣椒：1 根，去籽切碎
· 鹽：約半茶匙
· 青檸：約半顆
· 香菜：1 把，切碎

做法

碗裡放入番茄丁、洋蔥丁和青辣椒末，撒鹽和青檸汁拌勻，嚐嚐調整鹹度，最後加入香菜。

酪梨醬

Guacamole

材料

· 熟軟酪梨：1 顆
· 青檸：約半顆
· 鹽：適量

做法

熟成的酪梨沿著經線深深切一圈，然後一手抓一邊，扭轉分成兩半。取出果核，用大湯匙沿著皮挖出果肉置於碗盆中，立刻擠入半顆青檸汁（如果等太久酪梨會氧化變色），撒鹽，用叉子或杵搗爛，嚐嚐調整酸度和鹹度。也可以隨喜好再添加洋蔥末辣椒和香菜。

材料

- 新鮮玉米：4 根（黃白品種 皆可）
- 無鹽奶油：4 大匙
- 大蒜：2 瓣，切碎
- 鹽：半茶匙
- 美乃滋：1 大匙
- 辣椒粉：半茶匙

- 青檸：1 顆
- 柯地哈起司（Cotija）或帕瑪森起司：1 小塊， 刨絲
- 香菜：1 小把，切碎

♥ 台式美乃滋偏甜，最好用日式或歐美品牌的。

墨西哥烤玉米

Elotes (Mexican Street Corn)

小時候我最喜歡的夜市小吃就是烤玉米——炭火上慢慢烤到焦香的整根玉米反覆刷上沙茶烤肉醬，裝在紙袋裡冒著煙，入口香、辣、糯，黏牙中帶點焦脆，色香味一網打盡。然而，隨著全球農業單一化，當年穀香濃郁的白色玉蜀黍幾乎全被黃色的水果玉米代替了，夜市烤玉米讓位給電影院和炸雞店裡那種抹了奶油的甜玉米，味道當然也不錯，但我總覺得有點單調。來到當今玉米產量全球第一的美國後，我內心對兒時台式烤玉米的想念更深重。每次看到我先生耐心地把玉米包在鋁箔紙裡烤，我都忍不住問他為什麼不直接烤呢？「這樣才不會烤焦啊！」他說。

近年墨西哥式烤玉米（Elotes）在美國紅了起來，我相見恨晚，感謝正義終於得以伸張。墨西哥不愧是世界玉米的原產地，他們懂得焦香是一種美德，知道重口調味可以烘托出穀物本身的清甜。最原始版本的墨西哥式烤玉米用的也是口感偏糯的白玉米，然而流傳到北美後就清一色用脆甜的黃玉米了，好在手法與調味不變。帶著奶油味的甜玉米這下多了焦香、蒜香、鹹酸辣味和起司香菜，像煙火一樣一層又一層地爆破，啟動許多人一輩子都不知道自己有的味蕾，我等原本就熱愛夜市烤玉米的同胞們絕對不能錯過。

做法

1. 玉米剝皮去鬚莖，洗淨擦乾。奶油入鍋加熱融化，倒入蒜末和鹽炒香，均勻刷一層在玉米上，剩下的加入美乃滋和辣椒粉拌勻，裝小碗備用。

2. 接下來烤玉米，做法有三：

   炭烤：放在烤架上距離炭火約5公分處，偶爾翻面，烤約10分鐘直到玉米粒熟軟，表面微焦。

   烤箱：預熱220℃／450℉，玉米平放在鋪了烤紙的烤盤上，送入烤箱20分鐘，中途翻一次面。

   氣炸鍋：預熱200℃／400℉，玉米放入籃內氣炸約13-15分鐘。

3. 用烤箱和氣炸鍋烹調的玉米表面上色不會很明顯，如果希望有炭烤效果的焦黑點，出爐後可以用噴火槍迅速掃一圈，或是用長柄鐵鉗子夾著，在瓦斯爐火上轉一圈。

4. 烤好的玉米刷上蒜香奶油美乃滋，接著擠青檸汁，撒上柯地哈起司和香菜末。

PART
2

有時候
一道菜就滿足了

老成都豆湯飯

Chengdu-style Chickpea Rice Porridge

四川人喜歡吃「耙豌豆」，由黃色的乾豌豆發泡煮爛而成，當地一般菜市裡賣豆腐的攤子都會準備現成煮好的，堆成一坨可以挖下來秤斤論兩賣。用耙豌豆煮出來的湯口感綿密，色澤奶黃，而且可葷可素，家裡任何現成的清湯加了它都煥然一新，用來泡飯也特別溫潤。

有一回我接受兩位台灣來成都做報導的美食記者採訪，他們連續幾天吃香喝辣，與我見面當天腸胃已明顯吃不消。採訪結束後他們問我建議去哪兒吃飯，我說不如就去後面巷子裡的小館叫一鍋豆湯飯，配兩碟泡菜吧！第二天收到記者簡訊，說那是他們在成都一週吃得最舒服最滿意的一餐呢！

離開了蜀地買不到現成的耙豌豆，黃色的乾豌豆也難尋，但別著急，全世界超市都買得到的鷹嘴豆罐頭是無懈可擊的替代品。鷹嘴豆的大小、形狀、口感、色澤都與黃豌豆極為近似，我當年住成都時就曾用耙豌豆製作地中海口味的 Hummus 沾醬，連以色列廚師都沒發覺有所不同。反之我目前美國住家附近一間重慶小麵店裡的招牌「豌雜麵」（豌豆與肉醬乾拌麵）用的就是鷹嘴豆，沒見任何川渝客人抱怨過。

豆湯飯的鮮美度取決於湯底。時間多的話我會專門為它熬一鍋雞湯或排骨湯，但如果餓得發慌又欠缺生鮮食材，用兩罐現成清雞湯兌兩罐清水，再加一罐鷹嘴豆煮爛，最後倒入一碗剩飯，一把蔥花，也是很不錯的。

材料

- 全雞：1 隻，約 3 磅重
- 生薑：2 片
- 青蔥：2-3 根
- 鹹肉或金華火腿：厚厚切 1 塊
- 鷹嘴豆罐頭：1 罐
- 白米飯：約 3 碗
- 鹽：適量
- 豆苗：1 把
- 麻油或花椒油：1 茶匙
- 白胡椒：少許
- 蔥花：1 把

做法

1. 雞洗淨切塊（怎麼切都可以，但務必把雞胸和其他部位分開）放入燉鍋，倒入涼水蓋過。大火煮開，撇浮沫，接著放入薑、蔥、火腿，轉小火燉煮 20 分鐘後先取出雞胸肉放一旁備用，其餘繼續慢燉 40 分鐘。

2. 取出雞腿雞架和火腿，雞湯過濾雜質倒回鍋中，加入 1 整罐鷹嘴豆（包括汁水），煮開轉小火燉煮約 20 分鐘，直到鷹嘴豆非常軟爛。這時可以撈出一部分鷹嘴豆和雞湯，放入食物調理機裡打碎再回鍋以增加綿密度，同時加入白飯煮幾分鐘攪散，嚐嚐調整鹹度。之前取出的雞胸和雞腿雞架拆絲，火腿也剝成小塊回鍋。起鍋前加 1 把豆苗燙熟，淋幾滴麻油或花椒油（看個人喜好），撒白胡椒和蔥花即可。

低窪地什錦飯

Lowcountry Perloo

　　我先生的老家南卡羅萊納州在二十世紀之前盛產稻米，以卡羅萊納黃金米（Carolina Gold）聞名世界，廣銷全球，還曾被法國祖師爺級的名廚埃斯科菲耶（Escoffier）點名選用。一八六五年美國南北戰爭結束後解放黑奴，勞力密集的水稻經濟隨之崩潰，少數苟延殘喘的稻田也終於在一九二九年經濟大恐慌後全數消失。直至近年一群有心人開始復育老種子，身世傳奇的卡羅萊納黃金米才重現世人。我曾在網上訂購過一小包嚐鮮，發現黃金米煮出來的飯晶瑩飽滿，甜糯有彈性，與後來佔據美國市場的印度和泰國品種香米及土生長種米大相徑庭，口味反而更類似台灣和日本的粳米。

　　為了還原黃金米過去的風貌，我嘗試重現當年盛行於南卡沿海地區的「低窪地什錦飯」。它的口味類似路易斯安那州著名的 Jambalaya，兩者都是材料澎湃的大鍋飯，又因為前者失傳多年，做法沒有定論，當下很多人把 Perloo 和 Jambalaya 混為一談。我個人當然沒有任何資格裁決做法，但光是憑著黃金米質地類似壽司米這一點看來，我認為如果像路易斯安那的版本那樣動輒添加米量好幾倍的湯水，燉煮得濕濕軟軟有點可惜，而且那樣不可能煮出鍋巴。最終版本大家可以自行斟酌，或許煮濕一點就叫它 Jambalaya，乾一點就叫它 Perloo，萬無一失！

材料

- 帶殼鮮蝦：1 磅或 450 克
- 鹽：1 茶匙
- 植物油：2 大匙
- 中小型洋蔥：1 顆，切小丁
- 白葡萄酒：200 毫升
- 西式香腸（有什麼種類就用什麼）：2 條；或培根 4-5 片，切小塊
- 大蒜：4-5 瓣，切末
- 西芹：1 根，切小丁
- 青椒或甜椒：1 個（或各一半），去籽、切小丁
- 大紅番茄：3 顆，切塊
- 黑胡椒：少許
- 乾百里香或奧勒岡葉（Oragano）：1 茶匙
- 壽司米：2.5 米杯，洗淨瀝乾（如果沒什麼雜質，不洗也可以）
- 歐芹（parsley）：1 小把，切碎

做法

1. 首先準備蝦仁和蝦高湯：鮮蝦剝頭去殼，挑腸泥，洗淨擦乾，表面撒薄薄一層鹽，冷藏備用。取小鍋燒熱 1 大匙油，加入約 2 大匙洋蔥末炒香，接著放入蝦頭蝦殼炒至變色。倒入約 100 毫升的白葡萄酒使之揮發，然後加清水蓋過。水開轉小火慢煮 15 分鐘，過濾殘渣即為蝦高湯。

2. 鑄鐵鍋或砂鍋加 1 大匙油以中火燒熱，炒香剩下的洋蔥丁，然後炒香腸或培根直到出油微焦，再加入蒜末、西芹、青椒或甜椒炒香。接著倒入番茄塊，撒鹽、黑胡椒、乾百里香或奧勒岡葉，炒至番茄出水變軟。

3. 洗淨瀝乾的米倒入，與底料炒拌均勻，然後加剩下 100 毫升的白葡萄酒滾煮揮發，倒入 2.5 米杯份量的蝦高湯（如果煮的高湯不夠就兌一點水）煮開轉小火，加蓋煮 18 分鐘後關火燜著。

4. 蝦仁的部分一般會在煮飯的最後幾分鐘丟進鍋裡燜熟，但我覺得還是煎過比較好吃，建議另取一平底鍋，加少許橄欖油和蒜片辣椒，大火油煎蝦仁至兩面微焦（不需熟透），在最後關火燜飯的期間平鋪入鍋內。

5. 飯燜了 10 分鐘以後即可開蓋，撒歐芹，盛盤。如果喜歡鍋巴，我會在這個時候再度開火，從鍋緣淋少許油，聽到細微的滋滋聲響後再等 2 分鐘關火，就有一層鍋巴了。

♥ 由於蔬菜、番茄會出水，加上蝦高湯差不多是米：水 = 1：1.5 至 2 的比例，比普通白飯軟和稠，但不至於太濕。如果想煮出更濕軟的燉飯質地，可以用一罐 400 克或 14 盎司的碎番茄罐頭代替新鮮番茄，這樣煮出來的飯有明顯的番茄酸甜和紅豔色澤，更像 Jambalaya。

培根炒飯

Bacon Fried Rice

我每天竭心盡力在廚房裡變花樣，兒子們並不領情。吃飯對他們來說純粹是履行義務，能簡則簡，否則霸佔了玩耍的時間。在孩子心目中，媽媽做的菜裡唯一百吃不厭堪稱美食的只有一樣——培根炒飯。 只要端上培根炒飯，裡面不管加了多少蔬菜他們都捧場，而且速戰速決，吃完一碗還要一碗。這就是我家從來登不上宴客檯面，但點擊率最高的閉門招牌菜。

炒飯講究粒粒分明，很多人聲稱必須用隔夜剩飯，但我個人的經驗並非如此。剩飯容易結塊，下鍋炒前得先用手撥鬆或搓開，其實有點麻煩。當今米的品種經過百番改良，只要不是特別廉價的米煮出來幾乎都粒粒分明，煮好了直接下鍋炒更省力，口感也比較有彈性。我認為炒飯最關鍵的是鍋要夠大、火要夠大，千萬不能讓飯粒嘔在那裡，而是必須給每一粒米機會到鍋底經歷煙燻火燎，直到快焦不焦的時候翻炒上來，才有所謂「鑊氣」，也才能達到瑩潤酥鬆的質地。

材料

- 白飯：2.5 米杯煮出的份量
- 培根：8 片，切丁
- 黑胡椒：少許
- 植物油：約 1 大匙
- 蒜末：1 大匙，或蔥花 1 把
- 青江菜：1 大把，切小丁
- 鹽：約半茶匙
- 榨菜：1 大匙，切小丁
- 醬油：1 大匙
- 雞蛋：1 顆

做法

1 培根以中大火炒香，撒點黑胡椒，稍微上色出油但仍未焦脆時下植物油、蒜末或蔥花、蔬菜（莖先下，綠葉稍後），轉大火爆炒，撒薄鹽。

2 接著下白飯和榨菜，繼續大火拌炒，底部剛好有一點焦就翻起來最好。接著從鍋沿淋一點醬油，目的是提鮮，不需要炒到黑漆漆。熱火噴香時打入一顆蛋，不需事先攪拌均勻，直接用鍋鏟炒開，這樣有白有黃，配上粉紅和翠綠特別繽紛討喜。

雪菜黃魚麵

Yellow Croaker and Pickled Mustard Noodle Soup

　　說實話，雪菜黃魚麵做起來有點麻煩，但每回看到漂亮的黃魚我還是忍不住買回家——切片、去骨、熬湯、濾渣、煎魚、煮麵……大動干戈，樂此不疲，就為了最後那鍋奶白、細緻、鮮美的魚湯，配上翠綠的雪菜和煎香的魚片，入口得到身心療癒，適合與懂得欣賞的好友共享。至於採買，近年來野生黃魚得來不易，若有緣必當珍惜。好在養殖的黃魚品質穩定，價格也親民，冷凍包裝還可以買到已去鱗去鰓去腸的「三去黃魚」，非常方便。如果自己不懂得切片去骨，建議請魚販代勞，只是千萬別忘了打包切下來的魚頭魚骨，那可是奶白魚湯的鮮美關鍵啊！

材料

- 中型黃魚：2-3 條；或小黃魚 8-10 條
- 鹽：適量
- 雪菜末：4 大匙（約 2 株切碎）
- 植物油：3 大匙
- 蔥：2 根，切段
- 薑：3 片
- 料酒：1 大匙
- 清水：500 毫升
- 清雞湯：500 毫升
- 金華火腿：4 小片
- 白胡椒：少許
- 細麵條：4 小把

做法

1　先處理黃魚：洗淨後去鱗去鰓去腸，在魚頭與魚身交界處縱劃一刀，然後刀面貼著魚骨橫向片下魚肉，翻面重複此步驟。片下來的魚肉排分別排放在容器中，上下方靠近背鰭和肚鰭的部分都有小刺，可以細心一一拔除或者整排切除。處理好的魚排擦乾，撒薄鹽，皮面朝上平放冷藏備用。

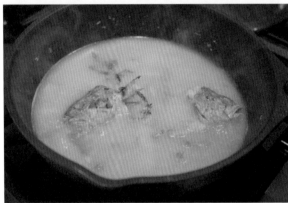

2　接著準備雪菜：整株的雪菜宜先沖過水，剝下一點嚐嚐味道，如果非常鹹必須泡 10 分鐘清水，擰乾後切碎。現成已切碎的罐頭或袋裝雪菜可直接使用。

3　煮魚湯：炒鍋或湯鍋裡熱 1 大匙油，下蔥段、薑片、魚頭魚骨，中火煎至兩面金黃，倒入料酒、500 毫升清水與 500 毫升清雞湯（只用清水煮魚骨就很鮮美，但怕份量太少所以用雞湯加持），大火煮開，撇浮沫。放入火腿片，加蓋，轉小火但維持滾煮的狀態，煮 10-15 分鐘直到湯水濃白。關火過濾殘渣，保留白湯和火腿片（骨頭剝下的魚肉可立刻獨享或餵貓狗）。

4　雪菜黃魚湯底：另起小湯鍋加少許油炒香雪菜，倒入奶白魚湯和火腿片煮開，嚐嚐調整鹹度，撒少許白胡椒，小火溫著備用。

5　煎魚片：平底鍋加 1 大匙油燒熱，黃魚片（可分批）皮面朝下，中大火煎約 1 分鐘直到金黃微焦，翻面再煎 30 秒，起鍋備用。

6　煮麵：麵條下滾水挑散，再沸騰後轉小火煮至適口，撈起分置入碗中。盛入魚湯，火腿片和魚排分置碗中，趁熱享用。

擔擔麵

Dandan Noddles

　　記得高中時有一回，我興高采烈地拉著滿口四川鄉音的外公去台北東區巷子裡吃一家我覺得味道很棒的擔擔麵，沒想到麵才剛上桌，外公就皺眉搖頭說：「這麼大一碗咋個叫擔擔麵？要不得！」那些年成長中的我氣血食慾旺盛，很難理解竟有人不滿份量太大，心想味道正宗不就好了嗎？

而所謂味道正宗的擔擔麵，當時在我的標準裡就是拌了芝麻醬、辣油、醬油和香醋的細乾麵，上面撒一匙花生碎和少許蔥花，濃滑辛香，可葷可素。我在台北軍眷子弟開的大小麵館吃了這樣的擔擔麵近四十年，也常在家如法炮製。印象中與此相左的版本只有日式拉麵店裡那種用麻醬與豬骨湯調和成的濃稠微辣湯麵，是川廚陳建民於上世紀中期在日本開「四川飯店」時，因應當地口味而調整的做法，早已自成一宗，枝繁葉茂。

　　幾年前搬去擔擔麵的發源地成都，驚詫發現當地的版本諸多歧異——有的浸在一汪紅湯裡，有的以豬油代替麻醬來提升乾拌麵條的腴滑；肉紹子和川南宜賓產的醃漬芽菜似乎不可或缺，而花椒粉和菜籽油煉製的紅油辣子更是多多益善，花生碎反而可有可無。唯一的共通點是份量小巧，一碗僅用一兩麵條，如我外公形容的那般可捧於掌心，三、五口吃完意猶未盡。

　　我四處詢問老派擔擔麵究竟該是什麼味道，但眾說紛紜不得其解，直到讀了白案（麵食）出身的川菜大師張中尤近年出版的回憶錄《回望炊煙——我的川菜歲月》才終得解惑。原來擔擔麵顧名思義是一種經營形式，像「小鍋米線」那樣可包含多種味型的麵條。過去小販挑著擔子賣麵，前面是小風箱爐灶，後面是麵條佐料和碗筷，專門在豪宅公館、賭場和煙館門口賣給有錢有閒的人吃。特色是材料精、份量小、價格高，勞苦大眾是吃不起也吃不飽的。

　　張師傅列舉了幾種最常見的擔擔麵口味，包括紅湯炸醬麵、海味麵、白油燃麵、素椒牛肉麵和脆紹麵，基本囊括了當前成都街頭麵館的口味選項。如今它們各司其名，不叫擔擔麵，份量也可大可小，畢竟店家早已不挑擔子，客層也平民化了。反倒是高檔次的館子仍常在宴席裡安排一人一份的「擔擔麵」，口味各有千秋，不變的是份量精巧，承繼了早年的富貴形象。

　　這讓我想起多年前在台北連雲街的老鄧擔擔麵店裡，我曾目睹鄰桌一位風度翩翩的老太爺獨自點餐，反覆叮嚀服務生上餐順序：先上涼碟小菜，接著依序上紅油抄手、粉蒸肥腸、擔擔麵、紫湯湯。我當時暗笑有沒有搞錯，這是來平價麵館吃 tasting menu 嗎？殊不知這些以擔擔麵為首的川味小吃本來就是為老爺太太打造的，這麼吃很內行，我外公肯定會點頭讚許。

材料 *

- 細麵條：200 克
- 蔥白末：1 茶匙
- 薑末：1 茶匙
- 蒜末：1 茶匙
- 芝麻醬：2 大匙
- 糖：1 茶匙
- 醬油：2 大匙
- 醋：1 大匙
- 麻油：1 茶匙
- 紅油（見 217 頁）：2 大匙
- 宜賓芽菜或榨菜碎：1 大匙
- 豬肉紹子（見紹子蒸蛋，131 頁）
- 蔥花：少許
- 花椒粉或花椒油：1 茶匙

做法 *

1 蔥薑蒜末放入碗中，沖入半碗滾水，靜置 10 分鐘。

2 一次加 1 勺蔥薑蒜水入芝麻醬，慢慢調勻，直到像半融化冰淇淋的濃稠度，然後加入糖、醬油、醋、麻油調勻。

3 調好的麻醬分 4 份放入小麵碗中，再各淋 1 小勺紅油，放 1 小撮芽菜。

4 麵條煮熟分放入 4 個碗中，每碗澆 1 匙紹子，撒上蔥花和少許花椒粉或花椒油，上桌立刻拌食。

印尼雞湯

Soto Ayam

在雅加達生活了三年，試過了香料群島的各色美食，最讓我鍾情的莫過當地特有的 Soto Ayam （soto：湯，ayam：雞）。這雞湯質清色澄，因為加了大把香料而氣味馥郁卻不濃烈，陰雨季吃了舒心暖胃，豔陽天喝一碗即使大汗淋漓也不燥熱。從早餐到宵夜，從路邊攤到高級庭院餐館都少不了它的身影。

印尼的老鷹國徽上有一行標語：「Bhinneka tunggal ika」，意思是「異中求同」，因為這裡多種族、多宗教，海岸線又長達五萬五千公里，要如何在文化迥異的群島國裡尋求凝聚國家意識的共同點就特別重要。Soto Ayam 正是一個異中求同的標準範例，因為西起蘇門答臘，東迄巴布亞，無論是不吃豬肉的穆斯林還是不吃牛肉的印度教徒，人人都愛喝這湯，算是一道具有象徵性的「國菜」。

史學家們公認 Soto 源自於十七世紀貿易興盛的爪哇島，其中香料的應用有印度風，而湯料中用的冬粉或米粉則由華人引進，盛碗後撒上的油蔥酥與芹菜末也很有我們熟悉的閩南味，再加上本地特有月桂葉和辣醬，混血風格所向披靡，迅速流傳至印尼諸島，也因地制宜地產生了許多版本。其中最常見也最接近經典原型的大概是爪哇北部華人聚集口岸三寶瓏（Semarang）的做法，到了旁邊的北加浪岸（Pekalongan）則添加了豆瓣醬，往南到了蘇卡拉加（Sokaraja）必搭配粉紅色炸蝦餅，往東到了拉蒙安（Lamongan）要多加一把碾碎的油蔥和蒜酥。另外有的偏酸有的微甜，有人堅持在每碗熱湯裡擺一顆炸馬鈴薯丸子，有人習慣在燉煮時加點孜然或肉桂增香，還有些地區用牛肉代替雞肉，比如蘇門答臘南岸加了牛肉乾的巴東湯（Soto Padang）和蘇拉威西著名的馬卡薩牛肚湯（Coto Makassar）。在當今全國菁英與移工匯聚的首都雅加達街頭，四處可見路邊推車專賣各地特色 soto，每一種都有他們的忠誠粉絲。

試過了許多版本，說實話我覺得大同小異，大概就像台灣的牛肉麵一樣，做法千百種，但不管你燉的是腱子、肋條還是牛筋，加不加番茄、酸菜，搭配粗麵或細麵……，都是能清楚辨識的牛肉麵與凝聚人心的台灣味。印尼人面對 soto 也是這樣，一方面同中求異，各自擁護家鄉版本，另一方面異中求同，堅稱 soto 自成一格，不能和其他通稱湯品的「sop」字混為一談。我剛來的時候錯以為這兩個字可以混用，常把金黃色的雞湯稱作 sop，又把各色清湯、濃湯、丸子湯、蔬菜湯……稱作 soto，讓我家幫忙打掃洗菜的哈

妮妹子非常迷惘。後來經過多方詢問考證，我歸納出以下兩項 soto 的共通特性：一、湯底的香料可增可減，但必然包括薑黃、生薑、南薑、香茅、蒜頭、紅蔥、檸檬葉與印尼月桂葉，口味有點類似泰國的冬蔭湯，但沒那麼酸辣。二、吃的時候一定先在湯碗裡擺少量冬粉或米粉，還有豆芽與拆了骨頭的肉絲肉碎，注入熱湯後再添加芹菜末、油蔥酥和青檸汁，組合式的吃法頗類似越南湯河粉（Pho），是不可能一鍋煮完就了事的。

所以別小看這一碗金黃色的雞湯，它對內以調料的細微差異建立地方意識，對外又以獨特的香料組合和吃法鞏固香料群島的國族認同。且看有一回我在家煮中式雞湯，一大個湯鍋裡只加了幾片生薑，哈妮的表情多麼驚訝啊！她平日堅持以家鄉偏清淡的方式煮湯，自認比較雋永高尚，說這樣才吃得出土雞原味。然而面對我更清更淡的雞湯，哈妮卻難以下嚥，很尷尬地被我撞見她另搗香料泥，炒香了倒入自己碗裡，接著撒把油蔥，擠點青檸汁，轉眼又變成一碗金黃色的 Soto Ayam！

材料

中小型土雞；1 隻（約 1.5 公斤）

湯料

- 清水：1500 至 2000 毫升
- 南薑（英：galangal，印：lengkuas）
  5 公分
- 香茅：1 根
- 青蔥：1 根
- 芹菜梗：2-3 根
- 檸檬葉（英：kaffir lime leaf，印：
  daun jeruk）：3-4 片
- 印尼月桂葉（daun salam）：3-4 片
- 鹽：1-1.5 茶匙
- 糖：1 茶匙

香料泥

- 薑黃（英：turmeric，印：kunyit）：
  1 根約 7-8 公分，或薑黃粉 2 大匙
- 生薑：5 公分
- 蒜頭：5-7 顆
- 紅蔥頭：5-7 顆
- 植物油：1 大匙
- 白胡椒：半茶匙

配料

- 大紅番茄：1 個
- 冬粉：1 綑
- 豆芽：1 碗
- 高麗菜葉：3-4 片，切絲
- 白煮蛋：1 人半顆
- 蔥花：少許
- 芹菜花：少許
- 油蔥酥：少許
- 辣椒醬：少許
- 青檸檬：1-2 顆，切片

做法

1 雞身洗淨，印尼人習慣切成 4 大塊（雞腿 2 塊，
   雞胸與雞翅 2 塊），但不切也可以。

2 一大鍋清水（約 1500 至 2000 毫升）煮沸，雞
   下鍋待回滾後轉小火，不時撇浮沫。

3 南薑和香茅用刀背或石杵稍微敲打以釋出香氣，
   接著與其他湯料一起下鍋，持續煮約 30 分鐘。

4 燉湯的同時準備香料泥：薑黃、生薑、蒜頭和
   紅蔥皆去皮洗淨，用杵臼搗成泥，或加少許清
   水以食物調理機打爛。小鍋裡加少許植物油，
   以中小火慢炒香料泥和少許白胡椒粉，直到顏
   色微微加深，香氣四溢，約 5-7 分鐘。

5 炒好的香料泥倒入湯鍋中拌勻，續煮約 10 分鐘
   後取出雞肉，稍放涼拆成雞絲備用

6 湯頭調整鹹度後加入切了片的番茄，立刻熄火。

7 冬粉泡軟瀝乾剪短，豆芽過滾水斷生，高麗菜
   葉洗淨切細絲。

8 每個碗裡擺少許冬粉、雞絲、豆芽、高麗菜絲
   和半個白煮蛋，倒入滾燙清湯，最後撒上蔥花、
   芹菜花與油蔥酥，上桌後依個人喜好添加辣椒
   醬與青檸汁。

Selamat makan（開飯愉快）！

PART
3

佐餐好味道

豆豉辣椒油

Chili Oil with Fermented Soy Beans

    過去我介紹過基礎川味紅油的做法，這裡分享一個加了蒜酥和豆豉的配方，口味更近似市售辣油，即使單獨拿來拌麵拌菜也撐得起場面。我習慣一次只做一個飯碗的份量，盡量在兩個星期內用完，不然得冷藏。

    油的部分，我推薦選用物理壓榨的菜籽油（不是化學精煉的芥花油〔Canola oil〕），它帶有一股十字花科獨特的辛辣味和芝麻油那種讓人微微暈眩的焙製飽和香，熬出來的辣油成色暗紅晶亮，質地濃稠如血，套四川人的說法就是特別「巴味」。擺一碗這樣的辣油在灶頭，會時不時像茉莉和金桂那樣暗香浮動，飄過來令人心神蕩漾。菜籽油的香味和濃稠度無可替代，但如果真的買不到，就退而求其次選用你平日慣用的植物油都可以。

    辣椒的部分，我一般選用香氣濃郁、色澤紅豔，但辣度中等的二荊條，也可以用韓式辣椒粉代替。若想吃辣一點就酌量調配朝天椒，而完全不吃辣的話用匈牙利紅椒粉做紅油也是可以的。

材料

- 粗粒乾辣椒粉：約 3 大匙
- 豆豉：1 大匙，切碎
- 砂糖：半茶匙
- 油：8 分滿飯碗（約 180 毫升）
- 大蒜：3-4 瓣，切碎
- 醬油：1 大匙

做法

1 碗裡放入辣椒粉、豆豉和砂糖，攪拌均勻。

2 油和蒜碎一起倒入小鍋加熱，看到蒜周邊開始起泡，冒滋滋聲響時轉小火，顏色轉淺金色即關火（炸焦了會變苦）。稍待片刻讓餘溫繼續炸香蒜酥，然後倒入盛豆豉辣椒的碗裡，攪拌均勻，放涼後加入 1 匙醬油。

泡椒、泡薑、酸豇豆、酸菜

Sichuan Style Fermented Vegetables

　　四川人家裡泡菜一般分兩種：洗澡泡菜和老罈泡菜。前者顧名思義，蔬菜放進發酵滷水裡泡一下就出來了，一般只會隔夜，最多不過三天，循環替換，就像接了一缸洗澡水，一家子人輪流進來泡一樣。它講究的是新鮮脆嫩，味道不需太濃郁，更千萬不能泡軟塌了。最常見的品項如紅白蘿蔔和萵筍，台灣眷村家庭最常見的泡高麗菜也屬於此類，適合用來佐餐開胃和配稀飯。

　　老罈泡菜比較像常備調料，一次可以做一大缸，越陳越香。最經典的就是酸菜，冬天盛產大芥菜的時候可以多醃幾顆，最好足夠一家人吃上大半年的酸菜魚。同一個罈子裡也可以塞點豇豆、辣椒和嫩薑，不只為酸菜增味，它們本身也是川菜不可或缺的調味品。如果像我這樣泡椒和泡薑用量特多的話，最好另起一個專用罐子，趁夏天盛產辣椒和嫩薑的時節多泡一點。陰冷的冬日有泡椒和泡薑入菜，心情就明亮了。

材料 ❀

- 大芥菜：2 棵
- 長豇豆：1 把
- 大紅辣椒：1 把
- 嫩薑或普通生薑：1 把
- 無碘食鹽：50 克
- 清水：1000 毫升

做法 ❀

1　食鹽倒入清水裡煮開放涼，同時所有蔬菜洗淨瀝乾：芥菜對半切開，豇豆可切成段也可以直接泡，辣椒去掉蒂頭，或用刀尖在身上戳幾下以方便入味，嫩薑洗淨即可，生薑需要去皮。

2　乾淨的容器裡塞入芥菜、豇豆、辣椒、嫩薑，倒入鹽水蓋過，表面浮出的部分壓一塊石頭或一片包心菜葉，蓋上蓋子，靜置於室溫下（不要太陽直射）。如用傳統泡菜罈，罈緣要注入一圈清水，每 2-3 天檢查一下是否需要加水。如用密封玻璃罐，一旦開始冒出小氣泡，需要每 2-3 天開蓋透個氣。大約 5-7 天後乳酸菌就生成了，可以開始取用。以後時不時檢查一下，如果表面發現黴菌必須立刻撇乾淨，並確保沒有醃漬物浮出水面。

3　一旦泡菜鹵發酵成功，罈裡可以隨時添加新的蔬菜，也可以取出一些鹵水另做洗澡泡菜。每次添菜就順手加點鹽和水（不需化開），過幾天試試如果偏鹹就添點水或菜，不夠鹹就再加點鹽，如此可經年累月生生不息。

♥　很多人喜歡在泡菜罈裡加八角、花椒等香料，但我認為蔬菜本身的風味加上鹽和乳酸菌已經發非常豐富了，香料在此效果有限，反而讓鹵水顯得沉濁。如果想要增添不同層次的風味，還不如等泡菜出罈後再炒製或淋香料油。

♥　泡椒主要是吃它的香味，建議大紅辣椒選擇皮肉豐厚、辣度溫和的品種。

泡菜的科學與哲學

看過四川人家裡的泡菜罈嗎？那種動輒超過一呎高，側身圓弧，蓋口和罈緣間像護城河一樣注入一圈清水的陶甕，甕裡塞了各色蔬菜，常年必備的有辣椒、嫩薑、豇豆和紅白蘿蔔，時常也見萵筍、兒菜、芹菜、芥菜……。這麼多不同種類的泡菜放在深不見底又不透明的罈子裡，猜猜煮夫煮婦們平日是怎麼取菜的呢？

應該是用消了毒的不銹鋼筷子或鑷子吧？我過去如此認定，心想一罈活菌發酵的蔬菜肯定禁不起丁點雜質污染，況且許多網上的文章和教學視頻也都這麼說，因此我第一次看到成都家裡幫我打掃的劉阿姨撩起袖子，半截手臂沒入泡菜罈時，真是嚇壞了。

「不會發霉嗎？」我問阿姨。

「沒的事，我手洗過，不長花。」

阿姨解釋：由於泡菜罈裡時時添補新鮮蔬菜，發酵程度不一，唯有用手捏捏碰碰才知道哪些醃足了時間，哪些還生青，哪些軟趴了要趕快吃掉，同時也更容易摸清楚哪個是薑哪個是辣椒，所以在鄉下幾乎人人都用手撈泡菜。至於四川人所謂的泡菜「長花」，也就是發霉，主要發生在浮出水面接觸空氣的地方，阿姨說只要每天注意一下，及早發現撇掉就好。唯一例外是極少數的天生「花手」，他們隨便一碰就壞了一罈水，連靠近都不可以（估計是皮膚癬菌感染）。據說過去在四川，長花手的女人不好找婆家，談婚事的時候還得跟別人借一罈泡菜來充數呢！

若不信劉阿姨的話，且看山鐸・卡茲（Sandor E. Katz）在《發酵聖經》（*The Art of Fermentation*）裡說的：「清潔衛生很重要，但天然發酵仰賴的

就是細菌，千萬不要消毒殺菌！」蔬果在高鹽度絕氧的狀態下有益乳酸菌生成，而一般靠食物傳染的壞細菌如大腸桿菌、沙門氏桿菌和肉毒桿菌在乳酸菌旺盛的酸性環境下都是難以存活的。卡茲說他自己就習慣用手扭擠蔬菜中過多的水分，也提到許多地方的人在大量發酵的時候會用腳踩，都是沒有問題的。

我看劉阿姨每隔幾天擦拭泡菜罈口，為接近乾涸的罈緣重新注一圈清水以隔絕氧氣。菜少了她就添些新材料，加鹽加水，偶見表面滋生黴菌花就快快撇掉。平日泡菜擺在陰涼的角落，但若實在太熱或全家出遠門，就暫時搬入冰箱。如此日復一日，稀鬆平常。

然而查閱身邊的美食著作與網上專文，各家說法分歧，有人說泡菜非用礦泉水不可，有人說要用「涼白開」（煮開放涼的自來水）。至於鹽，有人說要用四川的井鹽，有人說必須買專門的「泡菜鹽」。此外到底要不要加高度白酒？是不是得先借幾勺陳年老鹵作引子？罈口是否必須鎮一塊如都江堰上游那樣「萬年雪山的冰雪融化匯聚……在清澈冰涼中浸泡了千百年的鵝卵石」，才能確保鹽水清亮，泡菜脆爽？

我越研究越惶恐，直到讀了山鐸·卡茲的《發酵聖經》，看他比較世界各地的天然發酵傳統，從科學角度身體力行，才豁然開朗。 原來發酵不宜使用自來水，是因為自來水一般添加了消毒殺菌的氯，會抑制活菌發酵，所以必須煮開放涼使其揮發，而如果用的是山泉或瓶裝水自然無需顧慮。鹽的狀況相似──一般做菜用的精鹽添加了碘，同樣抑菌並有礙發酵，而如果用的是天然的海鹽或標示不加碘的食用鹽就沒有問題。

四川人喜歡在泡菜裡添加高度白酒，說是能「殺菌」，但至此我們已知道殺菌對發酵是致命的，好在一、兩匙白酒其實達不到殺菌的作用，純粹添香而已，加不加單看個人喜好。

最讓我震驚的是，卡茲說近一世紀以來的微生物研究都顯示，添加老

泡菜鹵無論對蔬果發酵的品質和效率都無助益。蔬果表面本身已含有足夠的乳酸菌，加鹽加水自然會發酵，無需借重外力，如果加多了老鹵使得酸性一開始就過高，甚至會抑制初期協助乳酸菌發酵的球菌（cocci），適得其反。也就是説，如果你不小心養餿了一罈傳家泡菜，無需愧疚終身，重新起一罈就好了。

至於用多少鹽，卡茲和劉阿姨的説法一模一樣——大把鹽撒進去，清水蓋過，過一、兩天嚐嚐，太鹹就加點水或添點新的蔬菜，不夠鹹就再加點鹽。如果非精確不可，卡茲説鹽水濃度大約百分之五，多一點少一點沒關係，鹽多更脆更保久，鹽少就快點吃掉。只要泡菜脆爽，罈水清亮，就是安全衛生的保證。

對照卡茲系統而權威的文字我就發現，劉阿姨那套看似漫不經心的做法其實是世世代代的經驗傳承與智慧結晶，各種疑難雜症都已打磨乾淨，手續化繁為簡，風險降到最低。至於那些玄之又玄的各家之言，或許沒有科學依據，但遵循起來也有其樂趣。比如若有機會去冰川上游走一遭，我肯定要撿一塊石頭回來壓泡菜，然後到處吹噓這罈泡菜如何吸收了冰雪靈氣，日月精華。但目前既然沒有石頭，就在罈口塞一大片菜葉或保鮮膜吧……只要能確保底下泡菜不浮出水面，不見氧發霉，也就心安理得了。

生活的痕跡

　　很多年前曾有一位記者在訪談時問我：「你這麼忙，孩子又小，家居生活美美的祕訣是什麼？」當時我笑說，祕訣就是拍照要用大光圈鏡頭聚焦在好看的東西上，旁邊和後面的混亂就讓它模糊掉。

　　「選擇性聚焦」變成一種生活本能，走在大街上只看有設計感的門面和窗明几淨的咖啡館，那些垃圾堆和跳樓大減價的商店就假裝沒看到。回到家裡只看茶几上插的花和牆角的綠意盆栽，那些外派時公家分配的亮晶晶紅木桌椅就當它不存在。廚房裡我心愛的鑄鐵鍋旁有另一半專用的螢光橘塑膠鍋鏟，水槽邊上擺著不知道誰買的有明星頭像的一公升特大瓶減價粉紅色洗潔精，怎麼用都用不完。

　　我就這樣半瞇著眼睛生活了很多年，直到這兩年老大不小了第一次搬進自己的房子裡，終於可以按心意油漆牆壁、釘櫃子、換磁磚……。那些忍耐了很久的扎眼物件，都以「跨海搬家太消耗燃油」、「新家太小擺不下」等等理由提早打發捐贈了。我從零開始添購掃帚、拖把、澆水壺、抹布、刷子等等基本家用物品，發現每樣東西只要稍微花一點心思，都可以用實惠的價格找到不難看的選擇。理想的工具在我看來必須實用性強，外觀最好質樸無華，反之花俏又無用的小東西能省則省。

　　廚具和碗碟也一樣，在置物空間有限的狀況下，每一樣東西都必須是不可或缺的。那些功能單一的、異型不能疊放的、整套動輒三、四十件的，除非有極大的紀念價值，我一般都敬而遠之。我發現一個空間裡只需要有幾個亮眼的焦點，比如櫥櫃上的銅壺和青瓷泡菜罈、印尼買的藤椅臥榻，上海訂做的仿古櫃子，西雅圖跳蚤市場淘來的北歐茶几和牆上心愛的字畫照片……，其他生活物件只要盡量是天然材質，簡單實用，全部擺

在一起就很和諧。

　　現在我每日打掃完屋子後，可以在任何一個角落坐下來，放眼望去身心舒暢，像是以前阻塞的經脈都打通了。至於那些剛清理完又會自動浮現的雜物，比如小狗堅哥滿地拖來拖去的玩具，兒子的遙控車、泡沫子彈、樂高積木，就接受為生活的痕跡。

Essential YY0932

餐桌上的人間田野

作者
莊祖宜

自詡為「偶爾寫作的廚師」，四海為家的主婦」。過去近二十年餐桌從台北延伸至波士頓、香港、上海、雅加達、成都，到目前的華府近郊。隨遇而安的性格孕育獨特飲食見解，以飽覽群書，吃遍四方，並認真思考一切與飲食有關的課題為人生志業。

封面攝影：Amanda McCall
內頁攝影：莊祖宜
插畫：微枝
封面設計：謝佳穎
版面構成：楊玉瑩
行銷企劃：黃蕾玲、陳彥廷
編輯協力：陳柏昌
副總編輯：梁心愉

定價：新台幣四二〇元
初版一刷：二〇二二年十二月十九日
初版二刷：二〇二三年十二月二十九日

ThinKingDom 新経典文化

出版：新經典圖文傳播有限公司
發行人：葉美瑤
地址：臺北市中正區重慶南路一段五七號十一樓之四
電話：886-2-2331-1830　傳真：886-2-2331-1831
讀者服務信箱：thinkingdomtw@gmail.com
臉書專頁：https://www.facebook.com/thinkingdom

電話：886-2-2306-6842　傳真：886-2-2304-9301
桃園縣龜山鄉萬壽路 2 段 351 號
海外總經銷：時報文化出版企業股份有限公司
電話：886-2-2799-2788　傳真：886-2-2799-0909
地址：臺北市內湖區洲子街 88 號 3 樓
總經銷：高寶書版集團

餐桌上的人間田野 / 莊祖宜著 .-- 初版 .--
臺北市：新經典圖文傳播有限公司，2022.12
232 面；19×24.5 公分 . –（Essential ;YY0932）
ISBN 978-626-7061-51-0（平裝）

1.CST: 食譜

427.1　　　　　　　　111019277